U0231659

中国国家公园体制建设研究丛书

Research Series on Development of China's National Park System

Research on Conservation Measures
for Natural and Cultural Assets of
China's National Parks

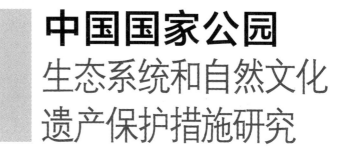

# 中国国家公园
## 生态系统和自然文化
## 遗产保护措施研究

王磐岩　张同升　李俊生　蔚东英　___ 著
刘红纯　李博炎　朱彦鹏

中国环境出版集团·北京

**图书在版编目（CIP）数据**

中国国家公园生态系统和自然文化遗产保护措施研究/ 王磐岩等著. —北京：中国环境出版集团，2018.10

（中国国家公园体制建设研究丛书）

ISBN 978-7-5111-3681-7

Ⅰ.①中… Ⅱ.①王… Ⅲ.①国家公园—生态系— 保护—研究—中国②国家公园—文化遗产—保护—研究— 中国 Ⅳ.①S759.992

中国版本图书馆 CIP 数据核字（2018）第 110164 号

审图号：GS（2018）3075 号

出版人　武德凯
责任编辑　李兰兰
责任校对　任　丽
封面制作　宋　瑞

更多信息，请关注
中国环境出版集团
第一分社

出版发行　中国环境出版集团
　　　　　（100062　北京市东城区广渠门内大街 16 号）
　　　　　网　　址：http://www.cesp.com.cn
　　　　　电子邮箱：bjgl@cesp.com.cn
　　　　　联系电话：010-67112765（编辑管理部）
　　　　　　　　　　010-67112735（第一分社）
　　　　　发行热线：010-67125803，010-67113405（传真）
印　　刷　北京中科印刷有限公司
经　　销　各地新华书店
版　　次　2018 年 10 月第 1 版
印　　次　2018 年 10 月第 1 次印刷
开　　本　787×1092　1/16
印　　张　7
字　　数　140 千字
定　　价　63.00 元

# 中国国家公园体制建设研究丛书

# 编委会

# 踏上国家公园体制改革新征程

自 1872 年世界上第一个国家公园诞生以来，由于较好地处理了自然资源科学保护与合理利用之间的关系，国家公园逐渐成为国际社会普遍认同的自然生态保护模式，并被世界大部分国家和地区采用。目前已有 100 多个国家建立了近万个国家公园，并在保护本国自然生态系统和自然遗产中发挥着积极作用。2013 年 11 月，党的十八届三中全会首次提出建立国家公园体制，并将其列入全面深化改革的重点任务，标志着中国特色国家公园体制建设正式起步。

4 年多来，国家发展和改革委员会会同相关部门，稳步推进改革试点各项工作，并取得了阶段性成效。特别是 2017 年，国家发展和改革委员会会同相关部门研究制定并报请中共中央办公厅、国务院办公厅印发《建立国家公园体制总体方案》（以下简称《总体方案》），从成立国家公园管理机构、提出国家公园设立标准、编制全国国家公园总体发展规划、制定自然保护地体系分类标准、研究国家公园事权划分办法、制定国家公园法等方面提出了下一步国家公园体制改革的制度框架。

回顾过去 4 年多的改革历程，我国国家公园体制建设具有以下几个特点。

一是对现有自然保护地体制的改革。建立国家公园体制是对现有自然保护地体制的优化，不是推倒重来，也不是另起炉灶，更不是对中华人民共和国成立以来我国自然生态系统和自然文化遗产保护成就的否定，而是根据新的形势需要，对保护管理的体制机制进行探索创新，对自然保护地体系的分类设置进行改革完善，探索一条符合中国国情的保护地发展道路，这是一项"先立后破"的改革，有利于保护事业的发展，更符合全体中国人民的公共利益。

二是坚持问题导向的改革。中华人民共和国成立以来，特别是改革开放以来，我国的自然生态系统和自然遗产保护事业快速发展，取得了显著成绩，建立了自然保护区、风景名胜区、自然文化遗产、森林公园、地质公园等多种类型保护地。但自然保护地主要按照资源要素类型设立，缺乏顶层设计，同一类保护地分属不同部门管理，同一个保护地多头管理、碎片化现象严重，社会公益属性和中央地方管理职责不够明确，土地及相关资源产权不清晰，保护管理效能低下，盲目建设和过度利用现象时有发生，违规采矿开矿、无序开发水电等屡禁不止，严重威胁我国生态安全。通过建立国家公园体制，推动我国自然保护地管理体制改革，加强重要自然生态系统原真性、完整性保护，实现国家所有、全民共享、世代传承的目标，十分必要也十分迫切。

三是基于自然资源资产所有权的改革。明确国家公园必须由国家批准设立并主导管理，并强调国家所有，这就要求国家公园以全民所有的土地为主体。在制定国家公园准入条件时，也特别强调确保全民所有的自然资源资产占主体地位，这才能保证下一步管理体制调整的可行性。原则上，国家公园由中央政府直接行使所有权，由省级政府代理行使的，待条件成熟时，也要逐步过渡到由中央政府直接行使。

四是落实国土空间开发保护制度的改革。党的十八届三中全会《中共中央关于全面深化改革若干重大问题的决定》中关于建立国家公园体制的完整表述是"坚定不移实施主体功能区制度，建立国土空间开发保护制度，严格按照主体功能区定位推动发展，建立国家公园体制"。建立国家公园体制并非在已有的自然保护地体系上叠床架屋，而是要以国家公园为主体、为代表、为龙头去推动保护地体系改革，从而建立完善的国土空间开发保护制度，推动主体功能区定位落地实施，使得禁止开发区域能够真正做到禁止大规模工业化、城镇化开发建设，还自然以宁静、和谐、美丽，为建设富强、民主、文明、和谐、美丽的现代化强国贡献力量。

2015 年以来，国家发展和改革委员会会同相关部门和地方在青海、吉林、黑龙江、四川、陕西、甘肃等地开展三江源、东北虎豹、大熊猫、祁连山等 10 个国家公园体制试点，在突出生态保护、统一规范管理、明晰资源权属、创新经营管理、促进社区发展等方面取得了一定经验。同时，我们也要看到，建立统一、规范、高效的中国特色国家公园体制绝不是敲锣打鼓就可以实现的，不可能一蹴而就，必须通过不断深化研究、总结试点经验来逐步优化完善，在统一规范管理、建立财政保障、明确产权归属、完善法律制度等管理体制上取得实质性突破，在标准规范、规划管理、特许经营、社区发展、人才保障、公众参与、监督管理、交流合作等运行机制上进行大胆创新，把中国国家公园体制的"四梁八柱"建立起来，补齐制度"短板"。

为此，国家发展和改革委员会会同保尔森基金会和河仁慈善基金会组织清华大学、北京大学、中国人民大学、武汉大学等著名高校以及中国科学院、中国国土资源经济研究院等科研院所的一批知名专家，针对国家公园治理体系、国家公园立法、国家公园自然资源管理体制、国家公园规划、国家公园空间布局、国家公园生态系统和自然文化遗产保护、国家公园事权划分和资金机制、国家公园特许经营以及自然保护管理体制改革方向和路径等课题开展了认真研究。在担任建立国家公园体制试点专家组组长的时候，我认识了其中很多的学者，他们在国家公园相关领域渊博的学识，特别是对自然生态保护的热爱以及对我国生态文明建设的责任感，让我十分钦佩和感动。

此次组织出版的系列丛书也正是上述课题研究的重要成果。这些研究成果，为我们制定总体方案、推进国家公园体制改革提供了重要支撑。当然，这些研究成果的作用还远未充分发挥，有待进一步实现政策转化。

我衷心祝愿在上述成果的支撑和引导下，我国国家公园体制改革将会拥有更加美好的未来，也衷心希望我们所有人秉持对自然和历史的敬畏，合力推进国家公园体制建设，保护和利用好大自然留给我们的宝贵遗产，并完好无损地留给我们的子孙后代！

杨伟民

原中央财经领导小组办公室主任
国家发展和改革委员会原副主任

# 序　言

　　经过近半个世纪的快速发展，中国一跃成为全球第二大经济体。但是，这一举世瞩目的成就也付出了高昂的资源和环境代价：野生动植物栖息地破碎化、生物多样性锐减、生态系统服务和功能退化、环境污染严重。经济发展的资源环境约束不断趋紧，制约着中国经济社会的可持续发展。如何有效地保护好中国最具代表性和最重要的生态系统与生物多样性，为中华民族的子孙后代留下这些宝贵的自然遗产成为亟须应对的严峻挑战。引入国际上广为接受并证明行之有效的国家公园理念，改革整合约占中国国土面积20%的各类自然保护地，在统一、规范和高效的原则指导下构建以国家公园为主体的自然保护地体系是中共十八届三中全会提出的应对这一挑战的重要决定。

　　国家公园是人类社会保护珍贵的自然和文化遗产的智慧方式之一。自 1872 年全球第一个国家公园在壮美蛮荒的美国黄石地区建立以来，在面临平衡资源保护与可持续利用的百般考验和千般淬炼中，国家公园脱颖而出，成为全球最具知名度、影响力和吸引力的自然保护地模式。据不完全统计，五大洲现有国家公园 10000 多处，构成了全球自然保护地体系最具生命力的一道亮丽风景线，是地球母亲亿万年的杰作——丰富的生物多样性和生态系统以及壮美的地质和天文景观——的庇护所和展示窗口。

　　因为较好地平衡了保护和利用的关系，国家公园巧妙地实现了自然和文化遗产的代际传承。经过一个多世纪的洗礼，国家公园的理念不断演变，内涵日渐丰富，从早期专注自然生态保护到后期兼顾自然与文化遗产保护，到现在演变成兼具资源保护和为人类提供体验自然和陶冶身心等多重功能。同时，国家公园还成为激发爱国热情、培养民族自豪感的最佳场所。国家公园理念在各国的资源保护与管理实践中得以不断扩展、凝练和升华。

　　中国国家公园体制建设既需要与国际接轨，又应符合中国国情。2015 年，在国家公园体制建设工作启动伊始，保尔森基金会与国家发展和改革委员会就国家公园体制建设签订了合作框架协议，旨在通过中美双方合作开展各类研究与交流活动，科学、有序、高效地推进中国的国家公园体制建设，提升和完善中国的自然保护地体系，实现自然生态系统和文化遗产的有效保护和合理利用。在过去约 3 年的时间里，在河仁慈善基金会的慷慨资助下，双方共同委托国内外知名专家和研究团队，就中国国家公园体制建设顶层设计涉及的十几个重要领域开展了系统、深入的研究，包括国际案例、建设指南、空间规划、治理体系、立法、规划编制、自然资源管理体制、财政事权划分与资金机制、特许经营机制、自然保护管理体制改革方向和路径研究等，为中国国家公园体制建设奠定了良好的基础。

来自美国环球公园协会、国务院发展研究中心、清华大学、北京大学、同济大学、中国科学院生态环境研究中心、西南大学等 14 家研究机构和单位的百余名学者和研究人员完成了 16 个研究项目。现将这些研究报告集结成书，以飨众多关心和关注中国国家公园体制建设的读者，并希望对中国国家公园体制建设的各级决策者、基层实践者和其他参与者有所帮助。

作为世界上最大的两个经济体，中美两国共同肩负着保护人类家园——地球的神圣使命。美国在过去 140 年里积累的经验和教训可以为中国国家公园体制建设提供借鉴。我们衷心希望中美在国家公园建设和管理方面的交流与合作有助于增进两国政府间的互信和人民之间的友谊。

借此机会，我们对所有合作伙伴和参与研究项目的专家们致以诚挚的感谢！特别要感谢国家发展和改革委员会原副主任朱之鑫先生和保尔森基金会主席保尔森先生对合作项目的大力支持和指导，感谢河仁慈善基金会曹德旺先生的慷慨资助和曹德淦理事长对项目的悉心指导。我们期待着继续携手中美合作伙伴为中国的国家公园体制建设添砖加瓦，使国家公园成为展示美丽中国的最佳窗口。


彭福伟　　　　　　　　　　　　牛红卫

国家发展和改革委员会　　　　　保尔森基金会

社会发展司副司长　　　　　　　环保总监

# 作者序

生态文明建设已经成为我国国家战略。党的十八大正式将生态文明建设纳入中国特色社会主义"五位一体"总体布局。中共十八届三中、四中、五中、六中全会又相继对生态文明建设做出顶层设计和总体部署。习近平总书记提出，要深化生态文明体制改革，尽快把生态文明制度的"四梁八柱"建立起来，为建设美丽中国、维护全球生态安全做出更大贡献。建立国家公园体制是我国生态文明制度建设的重要内容，对于推进自然资源科学保护和合理利用，促进人与自然和谐共生，推进美丽中国建设，具有极其重要的意义。

自 1872 年美国黄石公园建立以来，国家公园理念得到广泛传播，世界上已有许多国家和地区建立了自己的国家公园体系。但是，由于政治、经济、文化和社会制度的差异，国际上对国家公园尚无统一且被普遍采用的定义和标准。尽管如此，各国却有一个共识，即国家公园不同于一般公园，它是一种协调严格保护与合理利用平衡关系的有效管理模式，它被赋予国家精神象征。国家公园保护国家最有价值和最具代表性的生态系统和自然文化遗产资源，尤其强调教育、审美、科研功能。

中国国家公园体制研究和试点探索是在中国生态文明体制建设大背景下部署的重点任务之一，立足中国资源特点、基本国情和发展阶段，既吸取借鉴国际上各国保护地一百多年来的发展教训和管理经验，又结合中华人民共和国六十多年来国内各类保护地的实践经验和现实问题，突出新时代的中国特色。2015 年 9 月，中共中央、国务院印发《生态文明体制改革总体方案》，明确要求"国家公园实行更严格保护，除不损害生态系统的原住民生活生产设施改造和自然观光科研教育旅游外，禁止其他开发建设。"2017 年 9 月，中共中央办公厅、国务院办公厅印发《建立国家公园体制总体方案》明确了中国国家公园的地位："国家公园是我国自然保护地最重要类型之一，属于全国主体功能区规划中的禁止开发区域，纳入全国生态保护红线区域管控范围，实行最严格的保护。"从"更严格保护"到"最严格保护"，凸显了党中央、国务院对国家公园生态系统和自然文化遗产资源保护的重视程度。

为深化国家公园体制重大问题和配套政策研究，2016 年 11 月底，国家发展和改革委员会社会发展司会同保尔森基金会、河仁慈善基金会组织专家向社会公开征集国家公园研究课题，内容涉及国家公园治理体系、立法、资源保护、管理体制、事权和资金机制、特许经营、科研与监测能力建设、宣传教育能力建设等十个专题。这些专题研究报告为《建立国家公园体制总体方案》提供了直接的研究支撑。与其他专题侧重国家公园保护的体制机制和能力建设不同，本专题研究成果直指国家公园的资源保护本体。

本书坚持目标导向和问题导向，在一系列国家大政方针政策导引下，结合国际经验和我国国家公园试点探索实践，通过梳理国家公园与现有各类保护地体系、与自然文化遗产体系的关系，基于生态系统完整性、原真性和社会经济可持续发展的需求，提出中国国家公园资源保护管理的方向、原则和总体思路；提出国家公园生态功能提升管理策略；提出国家公园自然文化遗产保护的方法和程序，探索我国国家公园内自然和文化资源分类保护、修复、恢复等保护措施；提出国家公园资源保护的威胁防控因素及具体措施，列出国家公园人类生产生活活动负面清单及工程项目建设准入与退出的管理要求；根据"多规合一"的改革要求，提出国家层面的国家公园规划体系构成及管理制度建议。

课题成果凝聚了不同专业领域的专家智慧。课题团队分工如下：中国城市建设研究院有限公司团队负责课题总报告、管理现状、目标思路、自然文化遗产保护、威胁防控、规划体系等 [负责人：王磐岩、张同升；参加人员：袁建奎、姜娜、张琰、李莎、闫勤玲、孙艳芝、陈方舟、曹翕伦、李宗睿、张柔然（南开大学）、刘茗（北京大学研究生）]；中国环境科学研究院团队负责三江源国家公园生态功能提升策略的案例应用（负责人：李俊生；参加人员：李博炎、朱彦鹏、付梦娣），北京师范大学团队详细总结了国外国家公园资源保护的经验（负责人：蔚东英；参加人员：李霄、高洁煌、王延博、韩憶）；住房和城乡建设部世界自然遗产保护研究中心团队参与了中国保护地发展现状与国外国家公园管理经验的研究（负责人：刘红纯；参加人员：孙铁、何露、李希、吴芳）。全书由张同升统稿、修订、校对，如有错误和纰漏之处，敬请指正。

本研究得到了国内外诸多专家的指导和资料提供，特此致谢！国家发展和改革委员会社会发展司彭福伟副司长给予课题有益启发；保尔森基金会环保项目牛红卫总监对课题成果进行了认真修订，于广志女士全程参与了课题讨论、成果审阅与日常协调；河仁慈善基金会李磊女士、国家发展和改革委员会社会发展司袁淏处长为财务管理和项目进展投入了大量精力；美国国家公园管理局亚太国际事务协调官员 Rudy D' Alessandro 专程为课题团队介绍了美国国家公园资源保护管理经验；北京大学谢凝高教授、陈耀华副教授、宋峰副教授、清华大学杨锐教授、庄优波副教授，同济大学吴承照教授，国务院发展研究中心苏杨研究员，北京市公园管理中心总工程师、中国园林博物馆馆长李炜民教授，中国城市规划设计研究院贾建中教授，住房和城乡建设部世界遗产与风景名胜管理处李振鹏副处长，中国国土资源经济研究院姚霖副研究员等诸多同仁多次组织中外国家公园研讨会，从国家公园建设理论及政策、实践操作、案例剖析、发展启示等多个角度，共同探讨国家公园建设思路。大量国内外学者相关著作文献启迪良多，在此不一一列举，一并致谢！

路漫漫其修远兮，吾将上下而求索。愿此书抛砖引玉，启发思维，与诸位同仁砥砺前行，共同为中国国家公园事业发展不懈努力！

王磬岩　张同升

中国城市建设研究院有限公司

# 目 录

# 第1章　中国保护地发展与国外国家公园管理现状

## 1.1　中国保护地体系现状

我国目前建立了自然保护区、风景名胜区、文物保护单位和考古遗址公园、世界遗产地、森林公园、地质公园等以保护生态系统和自然文化遗产资源为主的自然、文化保护地体系。自然、文化保护地类型多样，在 2018 年党的十九届三中全会通过《深化党和国家机构改革方案》之前，分属于不同的行业主管部门管理（表 1-1）。

**表 1-1　中国保护地基本情况一览表**

| 名称 | 授予部门 | 主管部门 | 起始年份 | 规划审批机构 | 国家级数量/处 |
|---|---|---|---|---|---|
| 风景名胜区 | 国务院 | 住房和城乡建设部 | 1982 | 国务院 | 244[a] |
| 自然保护区 | 国务院 | 环境保护部 | 1956 | 国务院 | 446[b] |
| 文物保护单位 | 国务院 | 国家文物局 | 2002 | 国务院 | 4296[c] |
| 森林公园 | 国家林业局 | 国家林业局 | 1982 | 国家林业局 | 827[d] |
| 沙漠公园 | 国家林业局 | 国家林业局 | 2014 | 国家林业局 | 55[e] |
| 湿地公园 | 国家林业局 | 国家林业局 | 2005 | 国家林业局 | 836[f] |
| 地质公园 | 国土资源部 | 国土资源部 | 1985 | 国土资源部 | 199[g] |
| 考古遗址公园 | 国家文物局 | 国家文物局 | 2010 | 国家文物局 | 78 |
| 水利风景区 | 水利部 | 水利部 | 2004 | 水利部 | 778[h] |
| 世界遗产地 | 联合国教科文组织世界遗产委员会 | 国家文物局、住房和城乡建设部[i] | 1987 | 国家文物局、住房和城乡建设部 | 53[j] |

注：[a] 国务院. 第 9 批国家级风景名胜区名单（2017）。

[b] 国办发〔2016〕33 号文.http://www.gov.cn/zhengce/content/2016-05/10/content_5071941.htm。

[c] 《国家文物事业发展"十三五"规划》（2017）。

[d] 国家林业网.国家级森林公园名录（2016）。

[e] 中国森林旅游网.已建国家沙漠公园一览表（2015）。

[f] 中国森林旅游网. 全国国家湿地公园数据统计表（2016）。

[g] 国土资源部. 中国国土资源公报（2016）。

[h] 国家水利部. 水利风景区名录（2016）。

[i] 文化遗产由国家文物局主管；自然遗产、自然与文化双遗产、涉及风景名胜区的文化景观由住房和城乡建设部主管。相应的规划由对应的主管部委审批。

[j] 联合国教科文组织世界遗产委员会. Properties inscribed on the World Heritage List-China（2018）。

以下将简述设立批复和总体规划审批均由国务院管理的我国三大类保护地（国家级自然保护区、国家级风景名胜区、国家文物保护单位）及世界遗产地的发展现状。

### 1.1.1　自然保护区

《中华人民共和国自然保护区条例》（1994 年 9 月）规定，自然保护区是指对有代表性的自然生态系统、珍稀濒危野生动植物物种的天然集中分布区、有特殊意义的自然遗迹等保护对象所在的陆地、水体或者海域，依法划出一定面积予以特殊保护和管理的区域。自然保护区分为国家级自然保护区和地方级自然保护区。截至 2016 年年底，全国共建立各种类型、不同级别的自然保护区 2750 个，保护区总面积 14733 万公顷。其中，自然保护区陆地面积约 14288 万公顷，占全国陆地面积的 14.88%。国家级自然保护区 446 个，面积约 9695 万公顷，其中陆地面积占全国陆地面积的 9.97%（环境保护部，2016a）。自然保护区保护了全国 70%以上的生态系统类型、80%的濒危野生动物、60%的濒危高等植物（陈伟烈，2012）。大熊猫、朱鹮、亚洲象、扬子鳄、珙桐、苏铁等一些珍稀濒危野生动植物及栖息地呈现出明显的恢复态势；温带针叶林、热带雨林等生态系统得到较好的保护。全国另建有国家级海洋自然/特别保护区 68 个，保护面积 716828 公顷，保护对象 200 余种。

### 1.1.2　风景名胜区

风景名胜区是指以具有美学、科学价值的自然景观为基础，自然与文化融为一体的，主要满足广大人民群众精神需求，并具有保护培育、文化传承、审美启智、科学研究、旅游休闲、区域促进等多方面公益性功能的、国家依法设立的保护区域。风景名胜区是国家形象的代表，有着鲜明的中国特色。它凝结了大自然亿万年的神奇造化，承载着华夏文明五千年的丰厚积淀，是自然史和文化史的天然博物馆，是人与自然和谐发展的典范之区，是中华民族薪火相传的共同财富（住房和城乡建设部，2016）。

截至 2017 年 3 月，全国已建立风景名胜区 1051 处，其中国家级风景名胜区 244 处，总面积约 10.66 万平方千米；省级风景名胜区 807 处，总面积[①]约 10.74 万平方千米，风景名胜区面积约占国土总面积的 2.02%。风景名胜区在国家保护地体系中占有重要地位，是我国"世界自然和文化遗产"的主体，是我国生态文明和美丽中国建设的重要载体。

---

① 省级风景名胜区面积不包含甘肃省和西藏自治区。

2017 年，中国 52 处世界遗产中，涉及 42 处国家级风景名胜区和 10 处省级风景名胜区。同时，绝大多数国家级风景名胜区（约 7.87 万平方千米）被列入《中国生物多样性保护战略与行动计划（2011—2030 年）》中的生物多样性保护优先区域；武夷山、黄龙、九寨沟、西双版纳等 7 个国家级风景名胜区被联合国教科文组织列入"世界生物圈保护区"。从类型上看，我国是世界上风景名胜资源类型最丰富的国家之一，包括了历史圣地类、山岳类、岩洞类、江河类、湖泊类、海滨海岛类、特殊地貌类、城市风景类、生物景观类、壁画石窟类、纪念地类、陵寝类、民俗风情类及其他类等 14 个类型，涵盖了华夏大地典型独特的自然景观，彰显了中华民族悠久厚重的历史文化。我国风景名胜区源于古代的名山大川、邑郊游憩地和社会"八景"活动，反映了自然山水与传统文化的相互影响、相互融合，丰富的地貌类型是风景名胜区自然景观多样的基础，也是风景名胜区文化景观的载体，还是社会主义精神文明建设的重要载体。国家级风景名胜区共设立全国科普教育基地和全国青少年科技教育基地 107 个，爱国主义教育基地 286 个（住房和城乡建设部，2016）。

### 1.1.3　文物保护单位和考古遗址公园

文物是人类在历史发展过程中遗留下来的遗物、遗迹。各类文物从不同的侧面反映了各个历史时期人类的社会活动、社会关系、意识形态以及利用自然、改造自然的状况，是人类宝贵的历史文化遗产。《中华人民共和国文物保护法》第 2 条规定，在中华人民共和国境内，下列文物受到国家保护：（1）具有历史、艺术、科学价值的古文化遗址、古墓葬、古建筑、石窟寺和石刻、壁画；（2）与重大历史事件、革命运动或者著名人物有关的以及有重要纪念意义、教育意义或者史料价值的近现代重要史迹、实物、代表性建筑；（3）历史上各时代珍贵的艺术品、工艺美术品；（4）历史上各时代重要的文献资料以及具有历史、艺术、科学价值的手稿和图书资料等；（5）反映历史上各时代、各民族社会制度、社会生产、社会生活的代表性实物。第 14 条规定，保存文物特别丰富且具有重大历史价值或者革命纪念意义的城市，由国务院核定公布为历史文化名城。保存文物特别丰富并且具有重大历史价值或者革命纪念意义的城镇、街道、村庄，由省、自治区、直辖市人民政府核定公布为历史文化街区、村镇，并报国务院备案。

截至 2017 年 2 月，中国登录不可移动文物近 77 万处，其中全国重点文物保护单位 4296 处。国家核定公布历史文化名城 127 处（中国经济网，2015），历史文化名镇名村 528 处（中国经济网，2016）。截至 2016 年 10 月 31 日，全国可移动文物普查共计 108154907

件（套）（国家文物局，2016）。2010 年、2013 年、2017 年国家文物局分别公布了三批共 36 个国家考古遗址公园。全国公共财政文物事业费支出从 2002 年的 26.99 亿元增加到 2015 年的 323 亿元，中央财政文物保护专项资金由 2002 年的 5.63 亿元增加到 2015 年的 122 亿元，增长 21 倍（董保华，2017）。

### 1.1.4　中国世界遗产地

自中华人民共和国在 1985 年 12 月 12 日加入《保护世界文化与自然遗产公约》的缔约国行列以来，截至 2017 年 7 月，经联合国教科文组织审核批准列入《世界遗产名录》的中国世界遗产共有 52 项，其中世界文化遗产 36 项、世界文化与自然双重遗产 4 项、世界自然遗产 12 项。世界自然遗产、自然与文化双遗产、文化景观主要产生于国家级风景名胜区。世界文化遗产主要产生于国家级风景名胜区、国家文物保护单位、历史文化名城名村和国家考古遗址公园等。

中国的世界自然遗产囊括了自然遗产、自然与文化双遗产和文化景观等以自然特征为基础的全部遗产类型，涵盖了自然美、地质地貌和生物生态三大突出价值的全部方面。中国自古就有的"天人合一"的理念，在双遗产、文化景观方面得到充分体现。泰山、黄山、峨眉山—乐山大佛、武夷山、五台山、杭州西湖、庐山等具有自然与文化和谐交融的突出特点，极大地丰富了世界遗产的科学价值和人文内涵。在有效保护国土范围内最优美的自然景观、最典型的地质遗迹及生物多样性热点地区的同时，也有力地支撑了世界遗产核心价值理念的传播和全球世界遗产事业的快速发展。

文化遗产是一个国家和民族历史成就的标志，也是反映当代文明的标志。目前世界文化遗产的关注点已从反映中国历史、文化特征方面最具代表性的建筑群和古代宗教信仰纪念物等实物遗存为主，转变到文化景观、遗产线路、系列遗产、活态遗产等表达中国多元文化特色的遗产类型，更加关注遗产对区域可持续发展的带动作用。

简言之，自然保护区依据国务院《自然保护区条例》设立，属于严格保护的区域；风景名胜区依据国务院《风景名胜区条例》设立，强调"科学规划，统一管理，严格保护，永续利用"；文物保护单位和历史文化名城名镇名村依据《文物保护法》设立，属于文化资源保护体系。其他如森林公园、湿地公园、地质公园等都是依据部门规章设立，强调某一类资源的保护与利用。

## 1.2　中国保护地管理现状

### 1.2.1　存在的问题

#### 1. 生态空间遭受持续威胁

山水林田湖草缺乏统筹保护，生态破坏事件时有发生：城镇化、工业化、农业开垦等开发建设活动大量占用生态空间；交通基础设施建设、水利水电资源开发和工矿开采建设，直接割裂生物生境的整体性和连通性，加剧生态空间破碎化。目前，我国中度以上生态脆弱区域占全国陆地国土面积的 55%，其中极度脆弱区域占 9.7%，重度脆弱区域占 19.8%，中度脆弱区域占 25.5%（国务院，2010）。水土流失面积达 295 万平方千米，年均土壤侵蚀量高达 45 亿吨；全国沙化土地面积 173 万平方千米，石质荒漠化土地面积 12 万平方千米；全国草原超载过牧情况严重，中度和重度退化草原面积仍占 1/3 以上，可利用天然草原 90%存在不同程度的退化（国家发展和改革委员会，2014）。森林系统低质化、森林结构纯林化、生态功能低效化、自然景观人工化趋势加剧，每年违法违规侵占林地约 200 万亩[①]，全国森林单位面积蓄积量只有全球平均水平的 78%。全国湿地面积近年来每年减少约 510 万亩（国务院，2016）。

#### 2. 生态系统质量和服务功能低

低质量生态系统分布广，森林、灌丛、草地生态系统质量为低差等级的面积比例分别高达 43.7%、60.3%、68.2%。全国城镇地区生态产品供给不足，绿地面积小而散，水系人工化严重，生态系统缓解城市热岛效应、净化空气的作用十分有限（环境保护部，2016b）。生态环境部监测的 21 个典型海洋生态系统中，处于健康、亚健康和不健康状态的海洋生态系统个数分别占生态系统总数的 23.8%、66.7%和 9.5%（表 1-2）。

---

① 1 亩=1/15 公顷。

**表 1-2　典型海洋生态系统情况（2016 年）**

| 生态系统类型 | 生态监控区名称 | 生态监控区面积/km$^2$ | 健康状况 |
|---|---|---|---|
| 河口 | 双台子河口 | 3000 | 亚健康 |
| | 滦河口—北戴河 | 900 | 亚健康 |
| | 黄河口 | 2600 | 亚健康 |
| | 长江口 | 13668 | 亚健康 |
| | 珠江口 | 3980 | 亚健康 |
| 海湾 | 锦州湾 | 650 | 不健康 |
| | 渤海湾 | 3000 | 亚健康 |
| | 莱州湾 | 3770 | 亚健康 |
| | 杭州湾 | 5000 | 不健康 |
| | 乐清湾 | 464 | 亚健康 |
| | 闽东沿岸 | 5063 | 亚健康 |
| | 大亚湾 | 1200 | 亚健康 |
| 滩涂湿地 | 苏北浅滩 | 15400 | 亚健康 |
| 珊瑚礁 | 雷州半岛西南沿岸 | 1150 | 健康 |
| | 广西北海 | 120 | 健康 |
| | 海南东海岸 | 3750 | 亚健康 |
| | 西沙珊瑚礁 | 400 | 亚健康 |
| 红树林 | 广西北海 | 120 | 健康 |
| | 北仑河口 | 150 | 健康 |
| 海草床 | 广西北海 | 120 | 亚健康 |
| | 海南东海岸 | 3750 | 健康 |

**3. 生物多样性面临严重威胁**

对全国 34450 种高等植物的评估结果显示，需要重点关注和保护的高等植物达 10102 种，占评估物种总数的 29.3%，受威胁的高等植物有 3767 种，占 10.9%，特有高等植物受威胁比例高达 65.4%，我国野生高等植物濒危比例达 15%～20%，裸子植物和兰科植物高达 40%以上；野生动物濒危程度不断加剧，对全国 4357 种已知脊椎动物（除海洋鱼类）受威胁状况的评估结果显示，需要重点关注和保护的脊椎动物达 2471 种，占 56.7%，受威胁的脊椎动物有 932 种，占 21.4%，598 种属于近危等级，233 种脊椎动物面临灭绝，约 44%的野生动物呈数量下降趋势（环境保护部，2016a）。遗传资源不断丧失和流失，部分珍贵和特有的农作物、林木、花卉、畜、禽、鱼等种质资源流失严重，一些地方传统和稀有品种资源丧失，60%～70%的野生稻分布点已经消失。

### 4. 外来物种入侵严重

外来入侵物种严重威胁我国的自然生态系统。初步查明我国有外来入侵物种 560 多种，且呈逐年上升趋势，常年大面积发生危害的超过 100 种，每年造成的经济损失约 1200 亿元（环境保护部，2013，2016b，2016c）。入侵中国并造成严重危害的外来林业有害生物有 42 种，其中松材线虫病、美国白蛾、松突圆蚧、湿地松粉蚧等发生面积为 158.88 万公顷，严重威胁中国的森林资源安全。

## 1.2.2　原因分析

### 1. 分类制定保护法律法规，但体系有待完善强化

多年来，我国先后颁布了一系列自然文化资源和环境保护相关的法律、法规。各类保护地所在地方政府出台了大量行政法规、部门规章及规范性文件，初步建立了基本符合我国国情的保护地法规体系，为各类保护地的设立、建设、保护和管理发挥了关键作用。我国《宪法》明确禁止任何组织或者个人用任何手段侵占或者破坏自然资源。《环境保护法》《海洋环境保护法》《草原法》《森林法》《野生动物保护法》《文物保护法》等从不同类型资源保护角度规定了保护措施和管理要求。但就体系而言，尚不完善。

缺乏专门的高层次保护地立法。《自然保护区条例》《风景名胜区条例》作为专门的行政法规，在自然生态和风景资源的全局保护和管理方面发挥了重要作用，但在效力位阶上，既不能统领其他相关法规，也不能担当与其他部门规章有效协调的重任。

不同法律保护条款之间的衔接性有待完善。政出多门，互相交叉，法律法规之间有冲突。例如，《自然保护区条例》规定："在自然保护区的核心区和缓冲区内不得建设任何生产设施。在实验区内，不得建设污染环境、破坏资源或者景观的生产设施；建设其他项目，其污染物排放不得超过国家和地方规定的污染物排放标准。"意味着只有在实验区内可以建设生产设施，而且要通过环保部门的批准；而《森林和野生动物类型自然保护区管理办法》规定："未经林业部或省、自治区、直辖市林业主管部门批准，任何单位和个人不得进入自然保护区建立机构和修筑设施。"将建立机构和修筑设施的批准权限划归林业部门，没有区别对待。同样，《文物保护法》不能涵盖对自然原生态的完整保存和真实保护，《自然保护区条例》不涉及历史建筑、文物考古等方面的具体保护措施。

法规文件的协调性和可操作性需要提高。目前各类保护地多以国家部委或地方政府

及其所属部门颁布、制定的"意见""规定""通知"等文件形式出现，由于缺乏正式严格的立法程序，涉及内容条款的广度与深度不足，在保护地经济、自然和社会协调方面，对社区参与、产业引导等涉及重大民生事项方面的条款过于笼统，缺乏可操作性。

### 2. 建立了规划编制审批制度，但管控执行有待加强

我国保护地法规条例或部门规范性文件一般都要求保护地在设立之后的一定时间内编制完成总体规划，明确保护地边界范围及资源保护措施。其中，国家级风景名胜区总体规划由省（自治区、直辖市）人民政府报国务院审批，报送国务院之前，风景名胜区管理机构和规划组织编制机关需将规划草案公示 30 日，还需住房和城乡建设部组织国家文物局、国家林业局、国土资源部等相关部委联席会议评审通过。从规划申报和审批程序看，风景名胜区是目前国内各类保护地中唯一一个总体规划需全面征求社会公众建议、各级地方政府和相关各部委联席会议意见的保护地类型。林业主管部门管理的国家级自然保护区总体规划由国家林业局负责审核、批复。各类保护地基本由主管机关出台了相应的规划编制审批办法，指导规划的编制、评审、批复和监督实施，但也存在不同规划之间衔接不足、规划编制周期过长、在建设过程中规划管控执行不严等问题。

规划缺少统筹，衔接不足。各类规划自成体系。除因保护地区域交叉导致各保护地间可能存在规划矛盾外，保护地规划与其所在地的城乡规划、土地利用规划、经济社会发展规划等，也存在因协调不充分导致多规目标不统一、定位不明确等突出问题。

规划编制审批周期过长。《风景名胜区条例》规定风景名胜区应当自设立之日起 2 年内编制完成总体规划。从实际执行情况来看，极少有能按期编制完成的，有的甚至编制时间长达十年，还有的一直没有编制总体规划。自然保护区也同样存在这类问题。两大国务院法定批建的保护地的规划尚且如此，遑论其余。

规划建设管控不力。"条例""规范"等法规文件和标准规范对规划的编制、管理的条款明晰，保护地规划编制程序完备，同时建立了规划实施监督机制。通过执法检查，发现问题，督促整改。对存在问题严重的保护地，建立了相应退出机制。但在现实中，审批之后的规划，缺乏强有力的监督，缺乏有效的资源保护绩效管理评估体系，缺乏对资源本体保护状况的科学评估。或为经济建设和资源开发让路，不断调整或缩小保护区范围，压缩珍稀动植物生存边界；各类保护地虽然在批准文件或申报文件中都有明确的范围和界线，但勘界立桩不足，仅停留在图纸上。现实生活中砍伐、放牧、捕捞、开矿、

采石、挖沙、影视拍摄、环境污染等法律法规禁止的活动，以及建设项目未批先建等违规活动时有发生。

### 3. 保护资金以中央财政投入为主，但总量少、渠道单一

我国各类保护地资金渠道主要包括中央政府财政拨款、地方政府财务补贴、各组织和个人捐款，以及保护地自养资金。保护资金以中央财政拨款为主。

2013 年，我国 1262 个国家级和省级自然保护区财政投入资金约 144.93 亿元，其中中央财政投入 118.32 亿元，地方财政投入 26.61 亿元。各组织和个人对我国自然保护区的捐赠款总额约为 0.12 亿元。"全国野生动植物保护及自然保护区建设工程"自 2001 年启动以来，中央财政在十年间累计投入 22.5 亿元，用于自然保护区基础设施建设（吴宇等，2010）。

国家对风景名胜区财政补助资金很少。中央财政自 1984 年设立国家级风景名胜区保护补助资金，2015 年之前全国国家级风景名胜区每年补助资金总共只有 2300 万元，平均每个国家级风景名胜区 10 万元。2015 年之后，这一专项资金被取消。

### 4. 重视资源保护监测，但科研基础薄弱、科普功能发挥不充分

我国各类保护地均重视资源调查、巡护及监测管理。例如，我国遗产地逐步建立了"多部门联动、多要素覆盖、监测预警并行"的监测机制，由遗产地管理机构牵头，联合住房城乡建设、文物、环保、国土、林业、气象、水利、旅游等部门对遗产地的自然环境、生态系统、文物古迹、地质灾害、城乡发展、旅游活动等影响突出价值的因素开展监测，主动发现问题，及时改进管理。我国目前已经完成 400 多处国家级自然保护区卫星遥感监测。现阶段正在推广红外线自动监控与管护员巡护相结合的野生动物监测机制，收集了大量野生动物活动踪迹的照片和视频，为掌握保护区野生动物活动规律和出台保护措施提供第一手资料。自 2002 年国务院下发《关于加强城乡规划监督管理的通知》后，住房和城乡建设部着力部署建立风景名胜区监管信息系统，十五年来每年都开展国家级风景名胜区和世界遗产地工程建设、资源保护和利用状况高精度卫星遥感动态监测，加强对疑似图斑和规划实施的核查。同时，建立了风景名胜区资源保护年度评估和定期评估管理制度、综合执法检查制度，分别于 2003—2007 年、2012—2015 年对涉及风景名胜区的遗产地开展了环境综合整治和保护管理执法检查。2017 年 8 月又启动国家级风景名胜区执法检查问题整改落实情况"回头看"（住房和城乡建设部，2017），持

续监测资源保护状况，动态改进资源保护措施，取得了良好效果①。

总体而言，由于我国对保护地的科研经费投入少，科研设备落后，保护地科研人才和专业管理人员相对缺乏，加之我国保护地类型多样，资源普查难度大，基础性和应用性科学研究基础均较为薄弱。科普教育功能发挥不充分，尤其是保护地游览解说和教育服务水平滞后，宣传主题本末倒置，神话故事、历史传说的讲解多于科学知识解说，导致游客对生物资源、地质遗迹、遗产价值等科学认知和审美体验匮乏。

### 5. 重视资源保护，但社区发展、民生改善及旅游冲击影响大

我国的一些国家法定保护地在规划建设过程中非常重视资源保护，尤其强调划定界线封闭保护。但由于我国保护地历史上就生活着大量社区人口，社区发展、民生改善的需求与保护地资源严格保护的要求冲突较大，协调难度大，造成实际保护效果欠佳。据环境保护部对 2013—2015 年所有 446 个国家级自然保护区的监测结果显示，403 个保护区的缓冲区和 390 个保护区的核心区分别有人类活动 38459 处和 23976 处。大多数保护区中缓冲区、核心区限制人类活动的要求已名存实亡（周勉等，2017）。另外，由于政府资金投入不足，旅游成为保护地生存的重要财力支撑。一些保护地管理机构将不可再生的自然文化遗产资源等同于一般的经济资源，以经济开发模式超限利用，为吸引游客、提高门票收入，盲目建设旅游设施，导致保护地出现大量破坏性的开发建设行为。

## 1.3　国外国家公园资源保护经验

### 1.3.1　强调资源保护的法律保障，细则明确，可操作性强

国外国家公园的资源保护特别重视法律法规体系保障，包括法律（law 或 act）、法规（regulation）和规章（executive order）等层次。这些法规体系立法权威、条款清晰、内容详细、指导明确。例如，美国有《国家公园基本法》等 24 部针对国家公园体系的国会立法及 62 种规章、标准和执行命令。各个国家公园还均有专门法，不但设置专门的部门负责自然文化资源的保护，也通过立法明确土地权属和资源资产用途管理，是解

---

① 据不完全统计，"十二五"时期，各国家级风景名胜区共完成景点保护项目 1029 项，环境整治项目 676 项，地质灾害防治、森林防火、动植物保护、病虫害防治等项目 1036 项，生态治理、环境监测项目 410 项。

决公园边界内外纠纷的有力工具（国家林业局森林公园管理办公室，2015）。除《加拿大国家公园法》外，加拿大还制定了《野生动物法》《濒危物种保护法》《狩猎法》《防火法》《放牧法》等诸多法律和国家公园《通用法规》《建筑物法规》《别墅建筑法规》《墓地法规》《家畜法规》《钓鱼法规》《垃圾法规》《租约和营业执照法规》《野生动物法规》《历史遗迹公园通用法规》等相关法规，明确了资源保护、威胁防范与设施建设要求（蔚东英等，2017）。澳大利亚《环境保护与生物多样性保护法》确立了遗产场所的登录制度，规定了遗产登录的标准、提名过程以及管理规划等事项。凡是可能对包括世界遗产地、濒危物种和生态群落、受国际公约保护的迁徙物种、大堡礁海洋公园等具有国家环境意义的资源和场所造成重大影响的活动必须经过严格的评估和审批（Australian Government，1999）。

## 1.3.2　制定科学的规划规范指导

美国国家公园体系的每个单位都要制定一般管理计划、战略计划、实施计划、公园年度绩效计划与公园年度绩效报告四个层次的公园管理计划，国家公园管理局负责制定国家公园体系总体的四个层次管理计划。国家公园管理局总的一般管理计划由国家公园管理局局长准备，内务部部长每年 1 月 1 日向国会提交（费宝仓，2003）。美国国家公园管理手册《管理政策》（*Management Policies*）一般包括系统计划、土地保护、自然资源管理、文化资源管理、野生动植物保护管理、解说教育、公园利用、游客服务等内容（U.S. Department of the Interior | National Park Service，2006）。日本《自然公园法》规定，所有自然公园必须制订公园计划。国立公园计划是根据各个公园的特性确定资源保护管理措施以及各类设施的建设计划。国立公园所有的具体行政管理措施，都是基于计划所确立的原则与目标，包括管理计划书、开发行为控制、动植物保护、机动车控制、自然再生、风景地保护协定、民间私有土地购买等（许浩，2013）。日本尾濑国立公园是家喻户晓的旅游胜地，但其保护规划管理非常严格，控制游人量、控制机动车行驶区域、废止渡船、撤走所有垃圾箱让游客把垃圾带回家、反大坝建设、保存绿地中不能设置任何建筑物、野营场地等旅游住宿设施一律不用肥皂和牙膏等，严格的自然保护管理方式使脆弱的高山湿地自然生态系统得到了较好的维持（谷光灿等，2013）。加拿大国家公园在公园成立五年内，遗产部部长要完成管理规划并提交国会议院，包括公园的长期生态愿景、生态完整性目标与指标设定、资源保护与恢复规定、功能分区、游客使用说明、公众意识和绩效评估等。遗产部部长至少每十年对每个公园的管理规划进行审查。同时，

对管理过程进行监测，关注公园管理者做了什么，是否完成既定目标，形成年度执行报告；对环境状况进行动态监测，收集、分析和对比指标数据，形成管理报告（国家林业局森林公园管理办公室，2015）。澳大利亚大堡礁海洋公园的管理计划包括分区计划、地点计划、管理计划和 25 年战略计划。这些计划从空间上覆盖了整个遗产区域，并对敏感地带和关键地点给予更细致和特别的管理。分区计划规定了游客可以到哪里、可以做什么以及其他具体的准入限制。管理计划是对分区计划的补充，要鉴别这些区域自然、科学、文化、遗产的价值，并根据其价值确定游客进入的规模和交通方式（邓明艳，2005）。

### 1.3.3　注重技术监测和科学研究支撑

美国国家公园拥有一批科学家和研究人员从事科学研究，为园区规划、发展、运营、管理及解说和教育提供学术基础。美国《国家公园综合管理法》（1998 年）规定公园管理决策要适当考虑技术与科学研究的结果。美国国家公园注重通过自然资源清查和生命体征监测系统来对国家公园生态系统进行监测，注重跨学科的综合研究。自然资源清查（natural resource inventories）是在广泛调查的基础上确定资源的位置或状况，包括动植物等生物资源以及非生物资源的类别、分布和现状。清查有助于了解园区资源情况，为后续的监测建立基线信息。生命体征监测（vital signs monitoring）是指美国国家公园管理局根据地理和资源相似性将具备重要自然资源的 270 多个国家公园系统分为 32 个生态区域网络，对代表公园资源整体健康状况的物理、化学和生物要素等生命体征进行清查和监测活动（王辉等，2015）。

德国科勒瓦爱德森国家公园强化科学技术在自然资源保护管理方面的应用。为保护生态系统，国家公园自然保护与科研部采用地理系统软件建立了公园生态系统地图，结合州林科院提供的森林作业图，用于生态系统管理（谢屹等，2008）。

英国国家公园以英国生物多样性行动计划作为技术指导，通过调研区内的野生动植物资源，对不同的土地利用方式和重要动植物及其居住区域提出详尽的保护措施（王江等，2016）。

### 1.3.4　严格管控公园内部商业旅游服务设施建设

美国国家公园在保护优先的前提下，尽可能地为民众提供游憩愉悦机会，但严禁大搞开发性项目，只允许建造少量的、小型的、分散的旅游基本生活服务设施。例如，美国国家公园拥有种类繁多、价值突出的地质遗迹资源，游客可以近距离接触、欣赏景观，但在公园保护范围内几乎没有商业活动。在迈阿密大沼泽地国家公园，游客可以乘坐风力汽艇，深入沼泽地腹地欣赏独特的湿地景观；在大峡谷国家公园，游客可以徒步穿越整个峡谷；在硅化木国家公园，游客能置身于各种硅化木遗迹集中区，近距离触摸形态万千的硅化木。但在公园遗迹保护范围内，严格控制商业活动和硬件设施建设。大峡谷国家公园为游客规划了几个小时、半天、一天和两天及以上的游览线路。不论哪种线路都不涵盖餐饮场所、住宿场所，这些场所均在公园之外设立。硅化木国家公园内没有任何住宿和餐饮场所，包括卫生间，每天闭园前要清退公园内所有游客（姚俊卿，2013）。

## 1.3.5　重视展示、讲解和科普等社会教育功能

美国国家公园通过解说和教育提高游客生态保护意识，是资源保护的一个有效途径。美国国家公园管理局制定国家公园环境教育目标：（1）教育公众尊重、爱护环境；（2）把国家公园建成实际意义上的"户外教室"和"博物馆"；（3）为中小学、大学和民间组织提供交流平台；（4）收集历史文化、科学研究数据供后人使用。科普解说是国家公园管理局每天的日常事务，由公园管理员向游客讲解公园的自然环境、历史人文，并进行大量的互动活动，不仅仅陈述事实，更要力图让游客感受到人与环境的紧密联系。公众教育具体做法举例：（1）部分公园免费提供环境教育课程，课程由教育专家编写；（2）学生团体野外考察项目，通常为当日往返或露营式野外考察，由公园管理员带领、教师协作教学，如优胜美地的野外考察项目包括气候变化、动植物群、地质、红杉林、印第安人文化等很多主题；（3）教学工具箱租赁项目。比如印第安纳海滩公园提供以鸟类观察为主题的工具箱，包括望远镜、常见鸟类手册、标本等；（4）在线多媒体资源、在线游览项目；（5）教师培训项目。中小学教师可以在假期承担公园科普解说、科学研究工作，并将实习经历应用到教学中。通过宣传、展示、讲解游客自身游览体验、活动项目等向全社会推广国家公园的理念，传播国家公园的科学、科普、教育等社会公益职能，尤其重视对学生的科普教育，通过科研项目、活动项目、网上在线教育等方式吸引青少年学生参与和学习（张婧雅等，2016）。

## 1.3.6　鼓励社会公众参与资源保护的全过程

国外国家公园鼓励公众参与到国家公园的管理之中。"在美国，我们怀着服务意识，邀请人们去享受这些美丽景观，并邀请他们加入到我们的队伍中来，使人们对这些地方具有责任感，和我们一起保护资源，关注人类的健康"（唐纳德·墨菲，2006）。

　　一是重视原住民在公园管理中的作用，充分尊重原住民权益保障，尊重原住民文化在生态完整性保护中的作用。澳大利亚国家公园强调政府与当地土著社区分享权力和责任的"合作管理"和"共同管理"。国家公园管理机构的重大举措必须向公众征询意见乃至进行一定范围的全民公决。公众在国家公园立法、政策、管理及宣传的每一个过程都有参与，确保了当地社区各项权益获得保障，土著人传统文化与传统经营方式被尊重并得以延续和发展。例如，为保护国家公园遗产资源的文化多样性，《环境保护和生物多样性保护法》《土著和托雷斯海峡居民遗产保护法》等不同法律中均设置专门保护原住民遗产的条款。在管理实践中，乌鲁鲁—卡塔丘塔国家公园的所有权归土著社区，他们将其租赁给国家公园和野生动物管理处，管理处按照国家公园的标准对其进行管理。在普奴鲁鲁国家公园，由西澳大利亚政府环境及自然保护部通过普奴鲁鲁公园理事会和当地的土著人一起负责公园的日常管理（Tasmania Parks and Wildlife Service，2000）。

　　二是有些国家除了政府管理的保护部门外，还成立了非政府管理的自然保护组织，比如，新西兰的保护地管理体系主要由政府机构和非政府机构组成。政府机构即国家唯一的综合性保护部门——保护部（Department of Conservation）；非政府管理机构最典型的有新西兰保护组织（New Zealand Conservation Authority）、新西兰保护委员会（Conservation Boards）、新西兰保护管理社团（New Zealand Conservation Management Group）。这些组织共同致力于国家自然资源和历史遗产的保护和管理（王金凤等，2006；杨桂华等，2007）。

# 第2章 国家公园资源保护目标及总体思路

## 2.1 战略背景

国家公园作为国家生态文明建设战略的重要任务，要以开放式思维，与国家主体功能区、生态保护红线区域，以及生物多样性保护战略（精准扶贫）等国家战略和空间用地政策相协调。

### 2.1.1 遵循主体功能区总体定位

国家公园作为依法设立的完整保护自然生态和自然文化遗产系统的保护地类型，属于国家主体功能区定位中的重点生态功能区和禁止开发区域（参见《全国主体功能区划》（国发〔2010〕46 号）中国家重点生态功能区示意、国家禁止开发区域示意图），要因地制宜依据法律法规和相关规划实行强制性保护，控制人为因素对自然生态的干扰，严禁不符合主体功能定位的开发活动。

### 2.1.2 遵循生态保护红线

生态保护红线是保障和维护国家生态安全的底线和生命线，具有特殊重要生态功能。统筹考虑资源禀赋、环境容量、生态状况等基本国情，根据我国发展的阶段性特征及全面建成小康社会目标的需要，合理划定并严守生态保护红线，优先保护良好生态系统和重要物种栖息地，分类修复受损生态系统，建立和完善生态廊道，提高生态系统完整性和连通性，对于提高生态系统服务功能和优质生态产品供给能力具有重要作用。

国家公园要与生态保护红线区域衔接，并针对国家公园的生态保护红线区域划定实施统一协调和分类、分级管理，按照禁止开发区域有关要求，实行最为严格的保护和用途管制。

### 2.1.3　立足生物多样性保护，结合生态建设与精准扶贫

《中国生物多样性保护战略与行动计划（2011—2030 年）》综合考虑生态系统类型的代表性、特有程度、特殊生态功能，以及物种的丰富程度、珍稀濒危程度、受威胁因素、地区代表性、经济用途、科学研究价值、分布数据的可获得性等因素，划定了 35 个生物多样性保护优先区域（图 2-1），涉及大小兴安岭区、阿尔泰山区、天山—准噶尔盆地西南缘区、祁连山区、贺兰山—阴山区、六盘山区、太行山区、喜马拉雅山东南区、横断山区、秦岭山区、大别山区、武陵山区、大巴山区、武夷山区和桂西黔南石灰岩区等众多山地峡谷丘陵区。这些地区群山连绵，区域内森林、草甸、湿地、湖泊、冰川密布，自然地貌多样，野生动植物资源非常丰富，是国家重要的生态功能区。《中国农村扶贫开发纲要（2011—2020 年）》确定我国的连片特困地区（图 2-2），主要包括"六盘山区、秦巴山区、武陵山区、乌蒙山区、滇桂黔石漠化区、滇西边境山区、大兴安岭南麓山区、燕山—太行山区、吕梁山区、大别

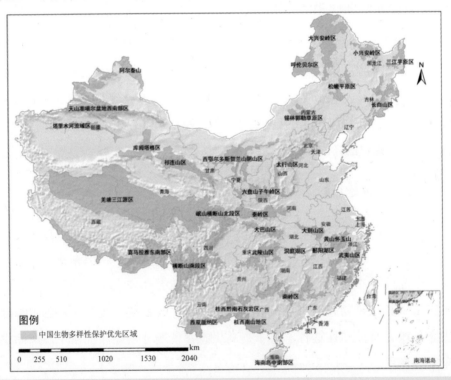

图 2-1　中国生物多样性保护优先区域分布

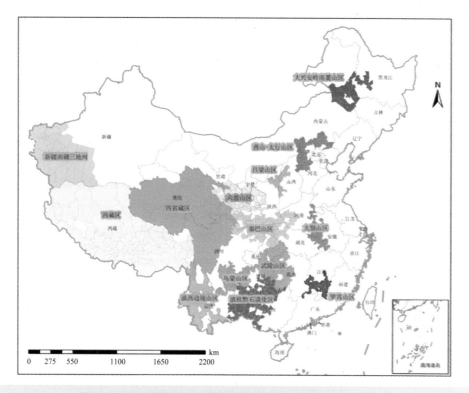

**图 2-2　全国集中连片特殊困难地区分布（王武林等，2015）**

山区、罗霄山区等区域的连片特困地区和已明确实施特殊政策的西藏、四省藏区、新疆南疆三地州"[①]。两相比较，可以发现，中国生态敏感性和生态重要性的地区，恰恰也是中国的集中连片特困地区分布地。

国家公园生态保护，必须注重所在地原住民社区的协调发展，在有效保护生态的前提下，稳步解决贫困人口生计问题，自然生态区域的"严防""禁止"与社会发展的"疏解""集中"相同步。

## 2.2　目标原则

国家公园是生态文明建设的重要物质基础，是生态文明制度建设的先行先试区。国家公园体制要基于我国生态文明体制改革的自然资源产权、国土空间开发保护、空间规

① 四省藏区指四川、云南、青海和甘肃四省藏区。新疆南疆三地州指和田、喀什地区以及克孜勒苏柯尔克孜自治州。

划和多规合一、总量管理和资源节约、资源有偿使用和生态补偿、环境治理、市场化治理、绩效考核和责任追究等八项基础制度而建立。

## 2.2.1　生态系统和自然文化资源的完整真实保护

2016 年 1 月，习近平总书记在中央财经领导小组第十二次会议时强调"保护自然生态系统的原真性和完整性，给子孙后代留下一些自然遗产"。国家公园强调保护较大空间范围的典型生态系统和生态过程的完整性和原真性，强调区域生物多样性、重要物种资源及其栖息地、具有全球或全国突出普遍价值的自然文化遗产资源的整体保护、保育和恢复，避免片面化、破碎化地关注生态系统的某一方面或仅注重单一物种资源的保护而造成其他资源系统及环境场所的损耗。排除任何形式的有损于资源本体及其价值的开发或占用。2015 年 9 月，中共中央、国务院印发《生态文明体制改革总体方案》，明确要求"加强对重要生态系统的保护和永续利用……国家公园实行更严格保护，除不损害生态系统的原住民生活生产设施改造和自然观光科研教育旅游外，禁止其他开发建设"。2017 年 9 月，中共中央办公厅、国务院办公厅印发《建立国家公园体制总体方案》，明确了中国国家公园的地位："国家公园是我国自然保护地最重要类型之一，属于全国主体功能区规划中的禁止开发区域，纳入全国生态保护红线区域管控范围，实行最严格的保护。"因此，中国国家公园不仅对大规模生态过程和资源本体实行最严格保护，而且会提升与之紧密关联的生态服务价值，切实维护资源的核心价值。

## 2.2.2　坚持国家代表性

国家公园的保护对象既要具有资源价值的国家代表性，能体现全国或全球自然生态系统和自然文化遗产价值的重要性、典型性，又应具有国家形象的代表性，国民认同度高，拥有独特的自然景观、突出的审美价值和丰富的科学文化内涵。同时，国家公园的管理应具有国家代表性，对出现跨行政区域的自然生态系统，按照完整性要求，由国家层面来推动建设和实施管理，合理界定事、人、财、物的管理权责。从国家利益出发，由国家组织立法、确定设立标准、资源价值评估、主导保护管理。

## 2.2.3　坚持全民公益性

国家公园是国民教育的重要途径，为全体国民和公众利益而设，做好自然资源保护和可持续利用的展示服务，为公众提供亲近自然、体验自然、了解自然的场所，提供环境和文化相容的精神的、科学的、教育的、休闲的游憩机会，倡导公众参与，培养爱国情怀，弘扬国家精神。国家公园不仅能被当代人所享有，也能被未来世世代代的人所享有。

## 2.3　资源特点与价值认知

资源是国家公园的基础，价值是资源的核心。国家公园的资源包括生态系统和自然文化遗产，其价值认知包括生态系统（服务）价值和自然文化遗产价值两个方面。进一步细分，资源价值可分为可直接利用的国家公园生态资源价值、间接利用的生态服务价值，以及具有内在非使用价值的生物多样性价值、遗产资源的科学价值、历史价值、文化价值和审美价值等。

### 2.3.1　生态资源价值

生态资源是区别于矿物资源的一种自然资源。它的特点在于其价值并不完全取决于人类的开采和利用，它的天然存在本身就具有鲜明的生态功能，或者说具有天然的生命支撑能力（徐嵩龄，1997）。生态资源是指既能为社会提供物质性产品又能发挥生态维持服务功能（如水源涵养、气候调节、保持水土、调洪蓄水、维持生物多样性等）的自然资源，包括森林、湿地、河流、草原、滩涂、荒原、山岭等。

从生态学角度看，生态资源价值是由生态系统内在性质决定的。一个完整、健康的自然生态系统通过生产者、消费者（捕食者）、分解者的有机组合，形成了物种和自然物质的更新、演替、再生的良性循环。

从经济学角度看，生态资源价值主要由生态系统中生物和非生物的资源性决定。生态资源的经济价值，主要是指自然生态系统物质产品的供给，既可以直接进入市场进行交换，也可以进入生产过程。生态资源的可使用量取决于资源环境承载力，与自然资源的有限性、不可替代性和脆弱性紧密相关。

### 2.3.2　生态系统服务价值

国家公园生态价值不同于我们通常所说的自然物的"资源价值"或"经济价值"，很多时候"资源价值"无法通过金钱来衡量和交易。生态系统服务价值（功能）主要是指：（1）环境容量功能，可以容纳、净化和储存人类生产生活中产生的各类废弃物；（2）为人类提供舒适性服务，如美学感受、认知体验、户外活动等；（3）自维持性服务，即维持生态平衡和生物多样性等，表现为选择价值、存在价值以及遗产价值等非使用价值（沈茂英，2015）。大量研究表明，人类从生态资源中获得的直接价值远低于间接使用价值。

### 2.3.3　中国特色的自然文化遗产资源价值

中国是世界文明古国，历史悠久。五千年来人类的活动，影响了全国大部分区域。加上我国人多地少，国内没有受到人类扰动的纯自然区域少之又少。在中国的自然生态系统中，人类活动成为系统要素组成，甚至因其与自然的高度融合，形成中国特有的自然生态系统价值观和行为准则。

#### 1.　历史维度："天人合一"的自然价值观

自然与文化融合统一、兼容并蓄是我国自然和文化遗产资源的显著特征之一。不管是自然生态系统，还是重要地质遗迹，抑或自然景观和物种栖息地，在其漫长的发展演变过程中，除遵循自然生态规律外（突出普遍的科学价值），都或多或少地受到人类主观活动的影响。在中华文明数千年的发展过程中，从人类对未知自然的敬畏、崇拜而派生出神仙宗教，到以人为主的"人定胜天"、人对自然掠夺式开发导致的环境恶化[①]，再到人与自然共生共荣的生态文明，人们逐步总结和推广了人与自然的相处之道，即"天地人合""道法自然""顺应时中"等，这种价值观的认知，不仅是自然生态理性和情怀的表达，也是意识和伦理层面解决资源环境保护问题的核心思想，并从中细化衍生出许多有可操作性的具体的技术保护措施。

#### 2.　美学价值（山水形胜）："融情于景"的自然审美观

生态系统和自然文化遗产资源的保护，在中国历代并非以经济开发功能为主，除其科学价值外，还特别强调中国独特的山水美学价值和历史文化价值，尤其强调这些价值的精神文化功能和科普教育功能，并自然而然地成为一种社会生产生活方式。"天子祭天下名山大川，五岳视三公，四渎视诸侯，诸侯祭其疆内名山大川。"我国众多文化和

---

① 恩格斯曾言，人类征服自然的每一次胜利，都遭受到了大自然的报复。

自然遗产入选世界文化和自然遗产所依据的标准中出现较多的也是"美学价值""文化价值"，其主要特征有三：一是具有美学价值的山川自然景观；二是具有科学和生态学价值的自然景观；三是以自然景观为主，人文景观为辅，自然与人文融为一体的山水景观（谢凝高，1997）。

3. 文化价值：地方文化与自然高度融合

中华文明是世界四大文明中唯一一个一直延续至今没有中断过的文明，数千年来开放包容思维下的文化融合形成了中华文化的自信。原住民生产生活与自然系统的融合，形成具有保护地生态系统中独特"生态文化"的特质。中国生物多样性富集地区的民族多样性和文化多样性特色非常突出。

中国"胡焕庸线"［黑龙江瑷珲（今黑河市）—云南腾冲的一条倾斜角度大致为 45°的直线］将中国地域分为东南和西北两个半壁，东南半壁以全国 36%的国土居住着 96%的人口，以平原、水网、丘陵、喀斯特和丹霞地貌为主要地理结构，自古以农耕为经济基础；西北半壁以全国 64%的国土居住着 4%的人口[①]，人口密度极低，是草原、沙漠和雪域高原的世界，自古是游牧民族的天下（陈明星等，2016）（图 2-3）。胡焕庸线西北

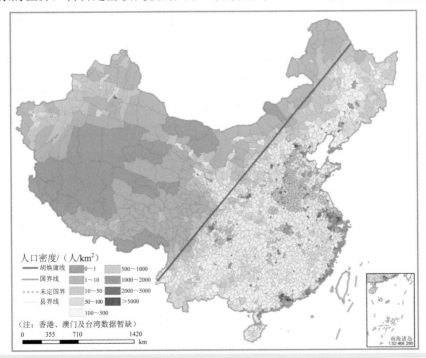

图 2-3　2010 年胡焕庸线下的中国人口密度分布（陈明星等，2016）

---

① 按照 1933 年中国人口与国土数据核算比例。

侧地广人稀，受生态胁迫，其发展经济、集聚人口的功能较弱，总体以生态恢复和保护为主体功能。胡焕庸线东南方聚集了中国 94%①以上人口和数量众多的各类保护地，是自然人文高度融合的生态系统区（图 2-4）。

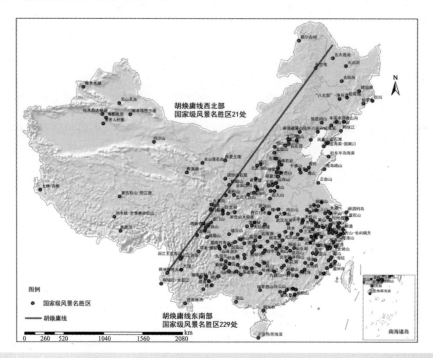

**图2-4　胡焕庸线下的中国国家级风景名胜区分布**

注：八达岭——十三陵、王屋山——云台山、黄龙——九寨沟、长江三峡（湖北段、重庆段）、黄河壶口（陕西、山西）、福寿山——汨罗江分别按 2 个风景区统计。

## 2.4　资源保护总体思路

国家公园要在对生态系统和自然文化遗产资源分类评估基础上，遵循生态系统自然演替和资源保护的科学规律，在国家公园政策法规框架内，建立系统完整、责权清晰、监管有效的管理格局，分区分类严格管控，分级分项精细施策。

### 2.4.1　顶层设计，规范标准

结合我国国家公园资源特点，建立我国国家公园法律法规及技术标准管控体系

---

① 按照"五普""六普"人口数据核算比例。

（表 2-1），包括资源价值（生态、科研、文化、游憩、社会经济等价值）和保护管理情况（范围、保护状况、机构、人员、规划、制度、权属、保障资金等）。

表 2-1 国家公园资源保护法规标准一览表

| 类别 | 法规标准名称 | 目的 |
|---|---|---|
| 国家法律法规 | 国家公园法 | 落实国家生态文明建设战略，保障国家公园体制改革，明确国家公园性质、目标、功能、定位及与其他类型自然保护地关系，衔接修订现行法律法规 |
| | 国家公园法实施条例 | 对《国家公园法》的实施细节进行完善和补充，增强其可操作性 |
| 部门规章 | 国家公园分区保护与管理办法 | 有针对性地对国家公园的各类资源进行保护，并对人类活动开展有效管理 |
| | 国家公园监督检查办法 | 为更好地保护国家重要生态资源和自然文化资源，监督国家公园规划和各项法规的有效实施 |
| | 国家公园商业项目特许经营管理规定 | 为了处理好国家公园保护和开发之间的关系 |
| | 国家公园经费管理和使用办法 | 确保国家公园国家拨款、门票收入、自然生态资源有偿使用收入、社会募集资金等资金收入的公开透明，保证其实实在在用于资源保护上 |
| | 国家公园安全管理和应急管理规定 | 加强国家公园的安全管理，保护国家财产和公民生命财产安全 |
| | 国家公园管理绩效评估办法 | 促进国家公园的高效管理 |
| | 国家公园名称使用与标识系统管理办法 | 统一名称、标识、标志 |
| | 国家公园公众参与制度和信息公开规定 | 鼓励公众参与和监督国家公园的管理 |
| | 国家公园遥感监测核查工作办法 | 保障国家公园资源保护技术监管信息系统正常运作 |
| 规范性文件 | 国家公园重要资源调查鉴定保护办法 | 对国家公园的重要资源进行科学评估和保护 |
| | 国家公园规划编制、审批与实施评估规定 | 规范国家公园规划编制、审批与实施评估 |
| | 国家公园管理和技术人员培训办法 | 提高国家公园管理人员的素质，使国家公园得到更为专业的保护和管理 |
| 标准规范 | 国家公园设立评估标准 | 国家公园设立准入、申报和资源评估的依据 |
| | 国家公园环境评价标准 | 有效监督国家公园的环境变化状况 |
| | 国家公园用地分类标准 | 建立适合国家公园特殊保护需求的用地分类 |
| | 国家公园信息化建设标准 | 提升国家公园信息技术管理服务水平 |
| | 国家公园重要建设项目分类标准技术导则 | 加强对国家公园建设项目的规范和管理 |
| | 国家公园规划规范 | 国家公园总体规划/详细规划的编制技术规范 |
| | 国家公园标识系统技术规范 | 确保国家公园各类标识清晰准确 |

| 类别 | 法规标准名称 | 目的 |
|---|---|---|
| 标准规范 | 国家公园资源保护与监测技术规范 | 使国家公园资源得到科学的保护 |
| | 国家公园监管信息系统建设应用技术规范 | 保障国家公园监管信息系统的健康运行 |
| | 国家公园项目建设环境影响评价技术导则 | 有效控制国家公园各类建设对公园环境的影响 |
| | 国家公园科研和教育活动技术指南 | 对国家公园科研和教育活动进行规范和引导 |

## 2.4.2　资源建库，夯实基础

建立国家公园资源保护的综合性基础数据信息库，全面掌握各地国家公园核心资源现状和保护需求。包括：（1）涉及生态系统和自然文化遗产资源基本状况的资源基础库。数据覆盖国家公园基础地形地貌、特定保护物种、土地资源、水资源、矿产资源、气候资源、森林资源、草地资源、植物（菌物）资源、动物资源、海洋生物等；（2）涉及人口、产业、居民点、基础设施项目、服务设施项目等社会经济数据库。基础数据库由属性数据库系统、空间数据库系统及模型库系统组成，基本功能不仅可以进行数据存储、查询、更新，还应可以辅助进行定量计算分析、空间定位分析，为科学决策和科学研究提供有效支撑。

## 2.4.3　科学规划，精细管理

### 1. 科学编制规划，突出资源保护

坚持严格的规划体系管理制度。将规划作为指导国家公园各项利用活动的总纲领和基本依据，明确规划的法定性和严肃性，在规划得到审批之前，不得开展旅游利用和其他开发活动。建立国家公园利用活动的负面清单制度。

科学编制规划。根据国家公园资源特点和生态敏感性，明确保护对象、保护措施和保护强度，强化自然生态系统的完整保护，统筹制订各类资源的保护管理目标，着力维持生态服务功能。提出社区居民生产生活和旅游利用的范围和强度。

适度修复。国家公园对于受自然现象（如地震、洪灾、山体滑坡、飓风等）破坏的生态系统和自然景观，可视为正常的自然演变过程，尽量采用自然恢复手段，不必过分人为干预。对于自然恢复难以实现的，由人类农牧生产活动、矿产开采活动、环境污染等人为因素导致的破坏，应采用有效的生态修复技术手段，适当恢复生态系统的结构和

功能，恢复文化遗产资源的真实状态。

加强科学研究，有效科普宣教。高度重视对国家公园生态系统和自然文化遗产资源价值的自然科学研究和社会科学研究，包括国家公园资源保护边界范围、设立标准、资源价值认知、游客欣赏体验、公园讲解教育、规划过程方法、环境影响评估等一系列直接影响管理人员专业判断和决策行为的科学论证和研究。完善讲解设施，提升讲解水平，在自然科学和社会科学研究基础上进行科普宣传教育，提高社会公众的保护意识和参与程度。

### 2. 实施分区管理

分区制是使国家公园内大部分土地及生物资源保持其野生状态，并把人工设施限制在最小限度内的一种管理手段。将整个区域按照主要管理目标进行空间分区，明确界定各分区的用地范围及每一地块资源保护的措施要求和利用强度、利用方式，确定哪些区域需要严格保护，哪些区域只可游览不可建设，哪些区域可以进行适当设施建设。

（1）分级定分区——基于人类活动影响程度的分区

按照保护级别进行分区（表 2-2）。根据区域资源保护强度和可开发利用程度要求，设置科学评价指标体系，计算确定资源保护强度指数或人类活动影响程度指数及其区间范围，以此指数的分级区间划定分区及保护级别。以可允许人类活动影响程度由小到大可分为严格保护区、重要保护区、限制利用区和适度利用区四类。

**表 2-2　基于人为活动影响程度的国家公园保护管理分区**

| 分区类别 | 保护对象/保护范围 | 保护级别 |
| --- | --- | --- |
| 严格保护区 | 1. 保护濒危或珍稀野生动植物栖息地；<br>2. 保护重要及脆弱的生态系统类型；<br>3. 保护区域最典型自然景观和文化遗产资源 | 保护要求最高，通常仅可允许环境影响较小的人类活动 |
| 重要保护区 | 维护重要生态系统完整性和一般性文化资源的原真性 | 通常允许少量游憩和其他对自然影响较小的人类活动，可设观景台及步行道等基本服务设施 |
| 限制利用区 | 保护优美的自然景观 | 允许生态容量限制下的游憩活动，不得改变原有的自然景观、地形地貌，不允许建设与自然景观相冲突的建筑物 |
| 适度利用区 | 接待体验中心，本地村镇社区 | 在科学评估的基础上，允许集中的人类活动和利用 |

（2）功能定分区——基于资源保护对象与活动类型要求

在充分认知国家公园的主要生态系统结构、过程及生态服务功能空间分布规律，全面了解国家公园核心资源的突出普遍价值基础上,将国家公园地域空间按生态系统、自然景观与人文景观等不同类型资源的功能要求进行分类,并根据它们之间联系的密切程度加以组合、划分。功能分区要根据国家公园内资源保护管理目标和保护对象的要求及提供游憩机会的能力和适宜性,对国家公园土地进行差别化分区管理。各个分区需查清保育资源,明确保育的具体对象,划定保育范围,确定保育措施。以旗舰物种为主要保护对象的国家公园,需特别研究旗舰物种的生活习性和栖息环境要求,因地制宜、因物而异地制定管理政策。

国家公园珍稀野生动物保护,需明确保护物种的保护范围和廊道,划定动物保护区域或预留动物保护廊道,限定游人活动空间、线路、时段与方式,隐蔽设置游人通道和游览设施。

应对珍稀植物或具有地域特色的原生植物群落应划定有效保护范围,保持其原生环境不受破坏,可采取防护、复壮、监测等措施。作为景物进行游览时,应控制游人对其根部土壤的踩踏,可设置架空步道或防护设施。

受到外来生物侵害威胁的濒危物种、特殊生物群落及环境区域,应划定保护范围,建立隔离、阻截防护带,在入口处设置清洗、清除设施。已受外来物种侵害的环境,提出清除、控制的措施与计划。

(3)分区划定方法

通过生态资源调查和 GIS 空间分析相结合,综合分析国家公园的功能定位、地形地貌特征、典型生态系统类型、珍稀濒危动植物资源和自然文化遗产资源的分布状况、核心价值、生态系统完整性和连续性特征,识别水源涵养、水土保持、防风固沙、珍稀野生物种栖息地和生物多样性维护等不同生态系统重要功能,明确对外界干扰和环境变化具有特殊敏感性或潜在自然灾害影响、极易发生生态退化且难以自我修复的生态敏感区域和生态脆弱区域,即在生态系统服务功能重要性评价、生态环境敏感性评价、生态脆弱性评价和文化遗产资源突出普遍价值评价基础上,构建全面反映生态系统完整性特征和自然文化遗产资源真实性特征的分区划定指标体系及划分依据,实施国家公园差别化分区管理策略。对国家公园中重要生态功能区、生态敏感区、生态脆弱区和自然文化遗产资源价值保护区,严格禁止进行工业化和城镇化开发等破坏性的资源利用活动。

### 2.4.4　动态监测,开放共享

加强规划实施监督,明确责任主体。建立国家公园资源动态监测、系统执法检查、内部监管和外部监督机制，对国家公园公共资源利用、商业项目特许经营、环境侵权赔偿、违规操作管理等实施监督。鼓励社会公众参与，制订公众参与实施细则，拓宽公众对保存和保护国家公园资源的支持方式。在国家公园的资源开发利用程序、政策、规划、管理等各方面实现全方位监管与监督。

国家公园不能是孤立地隔离式保护，应加强与国家公园以外区域的政府、企业、居民、非政府组织等合作，了解国家公园周边区域发展规划和产业投资与重大基础设施建设项目情况，及时评估和监测规划建设项目对于国家公园生态过程、资源价值保护的负面影响。国家公园管理局所采取的行动也有可能对国家公园范围以外的地区造成影响。通过与利益相关者的合作、沟通、协调及公众参与监督，鼓励可兼容的土地使用类型和方式，避免或缓解自然干扰和外部威胁。

### 2.4.5　综合生态系统管理

国家公园是指由国家批准设立并主导管理，边界清晰，以保护具有国家代表性的大面积自然生态系统为主要目的，实现自然资源科学保护和合理利用的特定陆地或海洋区域（新华社，2017）。国家公园着眼于提升生态系统服务功能，同时开展自然环境教育，为公众提供亲近自然、体验自然、了解自然以及作为国民福利的游憩机会。如图 2-5 所示，国家公园的管理，需运用综合生态系统的管理思想，对国家公园的土地、水和生物

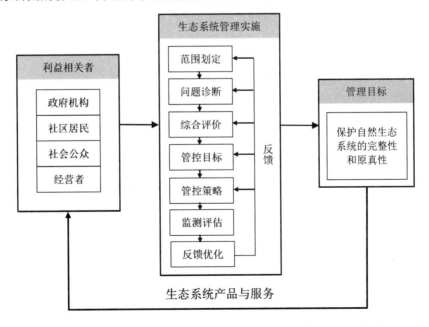

**图 2-5　国家公园综合生态系统管理概念框架**

等资源进行综合管理，促进国家公园范围内生态系统的保护及可持续利用，平衡社会、经济、生态效益和提高管理效率（吴承照等，2014）。国家公园综合生态系统管理框架可分为范围划定、问题诊断、综合评价、管控目标、管控策略、监测评估、反馈优化 7 个方面（余艳红等，2014）。

（1）范围划定。对国家公园生态系统管理的空间范围、保护对象进行界定。

（2）问题诊断。在详细了解国家公园生态系统的组成、结构和功能基础上，对国家公园生态系统在不同空间尺度上的功能特征进行分析，同时对人类活动干扰进行评价。基于对国家公园景观的时间和空间变化特征的辨析，识别影响国家公园生态系统的生物和物理作用过程，以及导致其退化的干扰因子。其中，正确识别自然影响和人为干扰所造成的国家公园的保护对象的功能和特性的改变最为关键。

（3）综合评价。根据生态系统管理的原则，综合评价对生态系统管理有至关重要作用的内容，主要包括生态系统的功能评价和物种保护对象及其栖息地的评价，选择生态系统服务功能和物种保护对象及其栖息地的健康状况为度量指标。

（4）管控目标。在问题诊断基础上，根据对国家公园生态系统管理要素的分析，确定管理目标。a. 恢复和维持国家公园生态系统的健康、可持续和生物多样性。b. 恢复和维持自然系统演替和生态学过程。c. 适度、合理地开发国家公园生态系统产品和服务功能，满足访客游憩和环境教育的需要。d. 维持自然资源与社会经济系统之间的平衡，实现国家公园生态系统所在地区的长期、可持续发展。

（5）管控策略。根据国家公园生态系统功能、区域管控目标、资源特点和利用价值，对国家公园进行分区，实施差别化保护利用管控策略，最大限度地保护珍贵自然和文化遗产资源免受干扰。

（6）监测评估。为寻求国家公园最适宜的管理策略，需要对国家公园生态和文化资源进行监测。在监测基础上，对国家公园生态系统完整性、环境质量变化、生态工程成效、生态制度执行、文化遗产保护、社区发展、科研教育、社会参与和资金管理等进行综合评估。

（7）反馈优化。国家公园生态系统和文化资源保护会面临一些突发性的自然灾害和人为干扰，如旱涝灾害、病虫害、人为破坏等。需要采取适应性管理方式，对不确定性过程的管理保持灵活性和针对性。在国家公园范围内对各种干扰进行系统完整的综合评估基础上，对发现的变化及存在的问题，进一步加强空间信息的收集、整理和分析，适时反馈优化管理方案。

# 第3章　国家公园资源保护的威胁防控

## 3.1　威胁分类及表现

生态系统受威胁的表征结果体现在生境破碎化、物种种群数量下降、遗传及物种组成消失、生态功能衰退等方面。自然文化遗产资源受威胁的表征结果体现在直接或间接破坏资源本体，导致资源价值受损或丧失、原始自然景观和自然环境的破坏等。

总结世界各国资源保护管理过程中的威胁因素，可大致分为两大类：一是不可抗力的自然因素，如火灾、地震、山崩、火山爆发、洪水、海啸、自然蜕变等；二是人为因素，如人口增长压力、大规模的工程建设、道路建设、过度旅游开发和城市化、乱砍滥伐森林、非法盗猎、过度捕捞、围海/围湖造田、网箱养殖、采矿、采砂、采礁、采泥、超载放牧、武装冲突破坏等。人为干扰对生态系统的影响从许多层面强于自然干扰，包括干扰的作用强度、影响范围、连续时长、产生频率和潜在性危害等方面。

## 3.2　管理威胁：计划与评估

对于国家公园的资源管理而言，必须确保所有经允许的国家公园的利用方式不会损害园内资源及其价值，不会对其产生不可接受的影响。国家公园管理机构应该逐渐掌握自然灾害发生的机理和规律，对国家公园潜在的自然灾害风险进行识别、估计及评价，在此基础上进行全过程风险预防、监测、控制与防御，制订日常的风险管理计划、威胁监测评估及应急预案，确保消除直接威胁和减小潜在威胁的影响。

### 3.2.1　管理威胁：宏观经济决策

生物多样性和重点保护物种的种群生存能力往往也受国家公园范围之外的某些因素的影响，国家公园的管理也应考虑周边更大尺度的经济、社会发展对公园的影响。为能够长期保护国家公园生态系统及自然文化遗产资源，国家公园管理机构及国家公园所在地政府必须就国家公园的建设管理和周边地区的宏观经济决策等问题进行定期的沟通和协调。

- 针对国家公园划定并严守生态保护红线。实施统一协调和分级分类管理。优先保护良好生态系统和重要物种栖息地，分类修复受损生态系统，建立和完善生态廊道，提高生态系统完整性和连通性。
- 制定有效的扶贫脱贫战略规划及行动计划，引导和鼓励绿色产业发展，强制传统高污染、高能耗、高成本的生产方式退出或转型，禁止超出资源环境承载能力的各类开发活动。
- 统筹考虑地区生态系统整体保护及所有生态系统服务价值。

### 3.2.2　管理威胁：社区发展引导

依据法律法规和相关规划实施强制性保护，综合评估社区居民生产活动的真实影响，严禁不符合国家公园功能定位的各类开发活动，科学制定人口和产业发展引导策略。

#### 1. 边界管控和廊道连通

（1）边界管控

国家公园的边界既是一个明确的自然生态和资源保护的空间范围，也是一种管理人类活动干扰的约束边界。国家公园边界内外的管理目标、政策要求、土地利用形式和人口发展模式有很大不同。虽然边界划定不会完全阻隔国家公园与周边地区的各种自然、文化和游憩活动的联系，但清晰的空间分界线有助于人们的知觉控制，突出保护对象的价值特性，消除居民生产活动和游客旅游活动的盲目性。因此，实现国家公园资源保护和威胁防控的首要任务是划定清晰的边界范围，明确国家公园的四至范围、拐点坐标。

国家公园空间范围界定的依据：a. 特定保护物种生物链生态系统的完整性；b. 保护对象核心资源价值的完整性和真实性；c. 历史文化与社会的连续性；d. 地域单元的相对独立性；e. 保护管理的可行性。

国家公园资源使用边界的依据：自然资源确权。以土地利用分类为基础，全面掌握水流、森林、山岭、草原、荒地、滩涂以及矿产资源等所有自然资源规模、分布、结构、权属等情况，统一进行确权登记，建立生态资源档案。逐步划清全民所有和集体所有之间的边界，划清不同类型自然资源的保护范围和使用边界。

（2）廊道连通

栖息地破碎化是保护野生动物的一大威胁。借鉴景观生态学研究较大尺度上由不同生态系统组成的景观结构、功能和演化及其与人类社会相互作用的保护原理和途径，识别、设计和构建空间连续的、有效的生物保护廊道，发挥其通道和阻隔的双重作用，维护物种栖息地及特定物种的空间活动，促使基因流动、提高繁衍概率、提高种群数量，延续和壮大孤立斑块内的物种生存力。

野生动物迁徙廊道上严格禁止采矿、水电开发、围栏、狩猎等人类活动。

## 2. 人口调控和产业导引

根据国家公园内社区村落文化资源价值、常住人口规模、居民点性质、土地权属分布及其与国家公园管理分区的位置关系[①]等，对居民点进行分类调控，制订保护、搬迁、聚居、控制策略（表 3-1）。

表 3-1　依不同空间区位及对国家公园资源保护的影响大小而制定相应的政策

| 人口调控类型 | 针对区域 | 引导策略 |
|---|---|---|
| 生态搬迁型 | 生态敏感度极高<br>资源价值极高 | 逐步搬迁 |
| 保留保护型 | 传统村落<br>地方文化或民族文化价值高 | 保留、保护 |
| 集中聚居型 | 人口集中居住区<br>土地利用条件良<br>资源价值一般 | 村落区域合并、人口集中；<br>产业转型，国家公园接待服务；<br>林、农等资源再分配 |
| 控制发展型 | 国家公园边缘区<br>地区特色及文化价值不高 | 控制村镇聚落空间扩展；<br>产业转型，国家公园接待服务 |

---

① 空间区位关系大致可分为：a. 工作、居住在国家公园内生态高敏感区、核心资源价值区；b. 居住在生态高敏感区、核心资源价值区，工作在国家公园外；c. 工作、居住在国家公园内生态低敏感区、资源价值一般区；d. 居住在国家公园内生态低敏感区、资源价值一般区，工作在国家公园外；e. 居住在国家公园外，集体林地等自然资源产权在国家公园内（工作性质为农、林、牧、渔等）；f. 居住、工作在国家公园外围地带（临近国家公园）。依不同空间区位及对国家公园资源保护的影响大小而制定相应的政策。

居民社会调控的基本原则：

（1）严格禁止村镇社区对国家公园资源的直接开发利用，控制其使用方式和使用强度。国家公园内的社区人口总体上以减为主，禁止外来人口迁入。针对国家公园生态敏感度高、资源价值高、生存条件恶劣的区域，开展生态移民，注意解决好后续发展问题，避免移民后陷入新的贫困。

（2）人口调控与产业导引不可截然分割，生产方式及从事类型决定其生计质量及调控的可行性。开展传统落后产业和环境污染企业专项调查与整治，制定产业转型、优化、提升、改造及退出政策。提高项目准入环保门槛，建立项目准入联审机制。

（3）有效保护和活态传承村镇社区的传统文化和民族文化。保护具有遗产价值和非物质文化遗产价值的、具有传统特色的生产生活方式，保护传统民居的空间布局和建筑风貌。

（4）严格控制村镇居民点的建设边界，优化居民点布局。在全面评估国家公园内社区人口产业现状、居住生活习惯、历史文化价值及对生态保护影响的基础上，根据各级村镇的资源特色、地形地貌、区位交通、产业基础、用地条件等，提出村镇居民点区域整合、规模控制和布局优化措施。

（5）明确土地权属，纳入区域规划。国家公园土地利用规划应与所在地全域城乡总体规划、控制性详细规划相结合，非建设用地控制与建设用地控制一并纳入同等的法律地位和约束效应。建立"多规合一"信息管理系统，建立该区域规划信息互联互通机制。完善国家公园基础地理数据库、专题数据库和规划成果数据库，实现数据及成果的高效管理、动态维护和实时更新，实时检测与协调区域各类规划间的冲突与矛盾。

（6）做好产业调整政策风险评估。对于国家公园内的村镇社区，或者虽然空间区位上不在国家公园红线范围内，但村民的农林生产和资源利用区域却在其中，无法截然割断他们与当地资源、环境长期形成的依存关系，需要充分评估现有产业类型和资源利用方式与保护目标的一致性和差距，并做好政策调整的风险评估。

3．社区共管

（1）将保护纳入更广泛的发展规划中

国家公园应增强国家公园在当地社会生活中的作用。针对贫困问题、发展问题和自然保护之间的关系，需要将保护纳入更广泛的发展规划中，尽可能全面认知受保护地区可持续发展的社会经济效益。简单地将保护和发展的空间进行分离，本身并不是实现协调发展与自然共存关系的有效策略。

（2）就地保护，惠益共享，全过程参与

尊重社区居民的风俗习惯和信仰，将自然资源可持续管理与社区发展结合起来，培育一种开放的社区参与氛围，重视社区认知、社区态度、社区收益与社会契约，重视原先主要直接依赖国家公园内林、草、土地等资源作为生存生活来源的边远贫困山区村民生产方式改变后持续的生计需求及技术培训服务。

重视国家公园收益与社区作为集体土地或资源使用权人的权益，促进不同利益主体间信任的增长，提高保护互惠的程度。

让社区居民参与到资源管理、宣传教育、文化活动、特许经营、生态补偿、生计评估等全过程目标、策略、政策制定及执行工作中，包括社区协商机制、信息畅通机制、利益分配机制、奖励机制等。

（3）社区自治，循因施策

不同类型国家公园，即使是同一个国家公园内，社区在自然环境、社会经济、文化习俗、利益诉求等方面也会存在很大差异。社区共管模式需因地制宜、分类施策，制订问题导向和目标导向双重约束下的多层级影响变量管理方案。要尊重、保存和维持地方社区，依靠当地资源和当地文化的独特性，尤其是提炼他们长期积累的传统生活方式中与保护和持续利用自然资源相关的知识和实践经验，加以创新并促进其广泛应用。

通过社区自治，识别当地资源保护行动的影响变量及潜在后果，根据资源特点和保护需求确定保护边界、设施布局、参与主体、利用方式、利用程度、监督检查，制订适合当地资源环境状况的生态保护措施和社会冲突解决机制，避免"一刀切"的管理约束政策。例如，我国明清时期较为普遍的通过公示乡约行规的民禁碑来明确禁樵、禁采、禁盗、禁赌、禁牧等禁止性规定及违禁罚则的做法，值得借鉴，尤其是具有教育和示范性的奖惩结合，寓惩于乐（如罚戏、罚酒席），可以起到很好的约束规范作用（李雪梅，2012）。

### 3.2.3　管理威胁：游憩和访客管理

制定审慎而有效的战略规划和详细规划进行旅游管理（包括游憩活动和访客管理），以尊重和改善国家公园本地社区传统文化和民族文化的方式管理旅游业，鼓励各利益主体认知国家公园生态系统和遗产资源的重要性和脆弱性，提升公众保护意识，探索体现本土特色、适合本地资源环境的可持续旅游发展模式。

游憩与访客管理可用的两种管理模式：一是总量控制，二是分区控制。

## 1. 访客容量管理

国家公园应根据资源状况和生态敏感程度确定环境容量，并以容量限总量，对访客规模进行有效控制，不得对野生动植物、生态系统以及文化遗产资源造成干扰或损害。

### （1）容量定总量（以供给定需求）

国家公园需要细分不同游憩活动和不同空间分区的生态环境容量，以生态资源承载力确定可允许进入的访客总量，或为国家公园不同分区环境计算设定一个可容忍改变的极限数值，细化资源条件及访客体验影响因素，实行可操作、可量化的访客总量目标监控，确保国家公园不超载超量接待，减轻对生态系统的干扰和其他资源的潜在破坏压力。

### （2）控制旺季的旅游冲击（分时控制）

调节旅游旺季的访客规模，分时游览和分区游览相结合，通过门票预约、分时段门票、区外交通分流、设置卡口、发布预警、游览疏导等措施分流高峰时节、高峰区段的访客压力。

### （3）空间分流（分区控制）

空间分流（分区游览）更多的是要解决国家公园访客量区域性超载的问题，在实际访客规模尚未达到环境容量时提前分流访客，降低局部地段的负荷压力，是一种动态预警管理机制。

分区调控访客规模措施包括预约制、景区轮游制/轮休制等。

## 2. 游憩活动类型

### （1）游憩体验项目：访客角度

在不破坏国家公园资源显著特征或生态特点的基础上提供恰当的游憩服务设施，设计游览线路，保障访客安全、提高自然游赏体验感觉，减少对生态和资源的人为干扰。游憩体验项目应考虑美学、社会文化、自然景观、生物多样性和遗产资源特征等更广泛的视觉背景。

国家公园常见的几种游憩类型：a. 自然旅游，包括中等强度的运动，如爬山、骑行和野营等。b. 野生动物观察，需要评估访游行为对野生动物的影响及访客安全保障。c. 探险旅游。d. 野外露营。e. 生态旅游等。

国家公园资源保护要求和保护级别很高，国家公园红线范围内应根据对资源环境敏感性的影响程度相应地设置可允许的游憩体验项目。一般来说，开展深度融入自然的一些启发性、教育性、健康性和审美类的游赏项目较为适宜，比如徒步、登山、摄影、写生、观测、科研等。而商业、娱乐、疗养类的旅游活动需慎重评估，比如影视拍摄、演艺活动、体育赛事、商贸购物、保健浴疗等。明确禁止可能会对国家公园地形、植被、动物、景观等保护对象造成破坏的项目。

（2）旅游经营活动：经营者角度

国家公园的设施建设，遵照"区内游、区外住"的原则。公园内部不搞大开发大建设，不建豪华宾馆等旅游服务设施，仅提供一些必要的游览设施即可，不过度追求便利性和规模。建设标准要安全、卫生、与环境协调。建设选址区域宜高值区域不用或低用，低值区域适当利用。

国家公园是一项国家公益事业，应实行所有权与经营权相分离的模式。国家公园内部的商业经营活动要实行特许经营机制，一般可通过特许经营合同、商业用途授权、租约三种方式来授权商业性服务，向访客提供必要和适当的商业服务。另外，国家公园的旅游经营可以利用国际上认可的原则制订生态旅游认证方案、生态标识以及开展旨在保证生态旅游可持续发展的自愿性活动。

### 3. 旅游服务设施

国家公园需在掌握本地生态系统演进规律、生态资源和遗产资源价值认知、人与自然环境的相互作用关系基础上，明确可允许建设的交通、游览、饮食、住宿、购物、文娱、保健及其他旅游服务设施类型、选址选线及规模、档次、结构、数量、风貌等建设要求。一般来说，应遵循以下原则：

——除必要的资源保护设施和附属设施外，禁止从事与资源保护无关的任何生产建设活动。

——各类建设项目必须进行环境影响评价。

——建设旅游设施及其他基础设施等必须符合国家公园总体规划，建设内容和规模应与国家公园的保护类型、面积大小、保护对象特征以及管理目标相适应，不得盲目求大、求全、求高档。

——严格控制人工景观设施建设[1]。逐步拆除现存的不符合规划要求的设施。

---

[1] 人工设施所占比重越大，游客的自然美学体验就越小。

——加强对遗产资源原真性的保护，保持遗产在艺术、历史、社会和科学方面的特殊价值。加强对遗产资源完整性的保护，保持遗产处于免受人为扰动的原始状态。不得任意仿建或改扩建。

——允许建设的游憩设施，建筑高度、体量、风格等应与周边的地形、地貌、山石、水体、植物等自然环境要素相融洽，尽量将对国家公园内自然美学资源[①]的负面影响减至最小。

——访客住宿、餐饮、娱乐、购物等接待设施应布置在国家公园外围地区或尽量与当地社区村镇相结合，"园内游、园外住"，优先考虑使用当地材料，建设风格应同当地的自然景观和谐一致，并体现地方风格和民族特色，尽量采用太阳能、风能、沼气等清洁能源，供电线路等管线应尽量地下铺设。

——游览道路选线应顺应地形地貌，避让生态敏感地段和主要动物活动区域，避开易于塌方等危险地段，减少对生态环境的破坏和干扰；主要交通干道和过境道路设置应与游览道路系统相分离，避让国家公园核心保护区及重要游览区。

——减少夜间的非自然光照。

——管护、科研、宣教、办公设施尽可能集中建设，并兼顾各项功能，不得重复建设。

——建设动物救护站、珍稀植物繁育场圃、涉及地质遗迹保护的建设项目以及开展生态恢复工程的，应进行科学论证。

——重要生态敏感区或资源价值核心区应设立明确的界桩、界碑及警示牌。

## 3.2.4　管理威胁：自然资源管理

### 1. 自然资源管理的一般原则

（1）优先保护国家公园内价值最突出、最具典型代表性的资源

管理者需要了解所管辖的国家公园内哪些物种、种群、生态系统、地形、地质特征或自然进程最为突出、最有代表性，以此决定保护的优先次序。

---

① 自然美学资源包括气味、声音、触感、味道、精神性以及视野所见的自然景色。在许多国家的国家公园保护规划中，宁静和独处性是重要的自然美学因素，在自然风景地播放音乐和烹饪食物会令自然之美荡然无存。这一点常常容易被忽视。

（2）正确理解"完整性"和"原真性"

国家公园的生态资源保护是处于动态过程中，无论如何保护，现存的国家公园也不可能回到它们的原始状态。保护对象不是单一的，而是整个作用于这些对象的自然系统。管理者需对整个自然过程增强了解。

（3）动态持续地进行科学监测

不同生态系统和遗产资源类型的国家公园千差万别，管理者切忌盲目照搬，应广泛征询科学工作者的研究建议和当地居民的经验意见。通过咨询专业的科学家，采用问卷调查、各种地图以及航拍等有效的记录和监测工具，对国家公园内特定保护的种群数量、生物和地质多样性，特别是那些对于国家公园最为重要以及面临某些威胁的特定种群进行持续监测、动态评估、过程管理，及时确定干扰和威胁因素。

2. 水资源管护

（1）进行流域管理，不要将整条水系割裂成过短的不同河段分别单独管理。按照从上游到下游的区域顺序进行流域水质污染治理，防止出现治理好的下游地区再度被上游污染。

（2）在喀斯特地区，除了地上可见的水系组成外，还应对地下暗河或干涸的河道和冲积扇等进行管理，确保辖区内的水生态尽可能贴合自然状态，尤其是流量控制和水质维护。

（3）科学慎重论证修筑堤坝等水利基础设施工程建设项目，充分论证类似项目对河流系统中的流量、沉积物、气温以及含氧量的影响范围和程度，以及由此可能导致的洪水灾害和对下游生态环境的影响。

3. 地质资源管护

（1）管理地质多样性。保护重要的地质区域、地形和土壤，以及自然地质演化过程。按照地质资源的脆弱度确定保护的优先序及相应的措施。

（2）保护地质遗产。清晰区分地质遗产的保护价值及其游览使用价值，不要为了追求短期的旅游利益而盲目开发地质资源。吸取多领域专家的知识和经验，尊重自然规律，尽可能减少人类对于孕育其地质环境的自然系统的干扰。

（3）管理地质景观资源。重要的地质景观资源包括露出地面的特定岩石、化石以及体现自然地质构造节理的一系列地质现象。因其独特的观赏性极易受到不法分子盗采，或被工程开发等其他人类活动破坏，需要详细及时地记录资源分布、景观特征，科学设置观景点及游览线，建设防护设施。

4. 洞穴管护

（1）仔细评估地面和地下基础设施建设对洞穴环境的影响，尤其是对维持洞穴发育和洞穴生态系统起关键作用的当地溪流和渗流集水区的影响。尽量保持水与空气以原始自然状态在地表环境和地下环境中循环流动。

（2）地下溶洞的游览要特别注意游览线路选择及游客安全。不适当的灯光照明可能会改变穴内小气候。实时监测人类活动对于洞穴生态敏感地带的影响，及时做出响应和调整措施。

5. 草原退化恢复、土壤修复及鼠害治理

针对草原退化，可以采取以下措施：（1）合理调控放牧期，落实草畜平衡，严控冬春季牲畜超载率和集中牧民居住点。（2）改良退化草地，建植人工草地、改良畜群结构。（3）落实退牧还草政策，建设饲草料基地和改善牧区基础设施。（4）建立牧区灾害保险和政府灾害应急基金体系。

针对工程建设、交通工具以及化学制品对土壤污染破坏，制订防护措施，禁止人类生活生产污染直接排放，改善排水系统，控制土壤侵蚀，减少土壤板结，治理土壤污染，强化生态修复。

针对草原鼠害防治，可以采取以下措施：（1）采用无毒防治药剂，或者物理、生物防治方法。在虫鼠害防治的同时，避免伤害自然天敌以及野生动物。（2）在早春实施药物防治后，配合休牧、轮牧、轮封或其他调整载畜量措施，保护好害鼠入侵阶段的轻度危害草地。（3）在害鼠入侵和聚集阶段，除应有计划地安排药物防治外，还可考虑配合暴雨、大雪打击导致种群数量骤降时机（通常有 2 年左右的低谷期），浅耕补播适合的牧草，同时实施围栏封育，有条件灌溉、施肥等。（4）对那些有贮草越冬习性的害鼠，可配合秋季打草，着重收刈猪毛菜等一年生植物，减少其收贮量，恶化其越冬和翌春的繁殖条件（钟文勤等，2002）。

6. 火灾管理

（1）建立详细的火情预防和应急治理管理方案，"预防为主、积极消灭"。

（2）建设火险监测和预报台站，配备兼职或者专职巡护人员，掌握重点保护资源的分布状况、林木类型、气象条件及火灾发生规律（频率、强度、季节性）。

（3）加强防火基础设施建设，防火设施应当与建设项目同步规划、同步设计、同步施工、同步验收。储备必要的防火物资，根据实际需要整合、完善防火监测和指挥信息系统。

（4）划定防火区，公布防火期，设置防火警示标志，加强日常防火宣传。

（5）加强应急队伍建设，发挥专业扑救队伍的作用。

（6）鼓励通过保险形式分散火灾风险，提高灾后救助能力。


7. 外来物种管理

（1）外来物种的引进或维护

通常，国家公园不会主动引进新的外来物种。在极少数情况下，为了满足特定管理需要，在全面采取所有可用的防范措施以最大限度降低潜在风险之后，可以引进或维护外来物种。但这些外来物种需要满足以下条件：

——外来物种与某个已消失的本土物种密切相关，或者是其亚种或杂交品种；

——当自然品种在当今受人类活动影响而发生改变的环境状况中无法生存时，外来物种是某个本土物种的改良物种；

——引进或维护外来物种是用来控制另一种已经存在的外来物种；

——为了实现历史上某种资源的理想状况需要引进或维护的外来物种，但仅限于一定条件，即这些外来物种没有入侵性，并且可以通过培育种植（针对植物而言）、圈养、成群放养或牧场放养（针对动物而言）等手段防止外来物种扩散。

（2）清除已有的外来物种

如果外来动植物物种满足下列情况，则要对它们进行管控或根除：

——干扰了自然特征、本土物种或自然栖息地的自然过程和延续；

——扰乱了本地物种的基因完整性；

——扰乱了文化资源和文化景观的原真性；

——对公共安全或公众健康造成了危害。

国家公园内外来物种管理措施与手段见表 3-2。

**表 3-2　国家公园内外来物种管理措施与手段**

| 管理目标 | 侧重点 | 可能的保护管理措施 |
|---|---|---|
| 防止外来动物进入 | 政府措施 | 严格边防检疫；<br>制定名录，禁止特定动物种类入境；<br>禁止野生动物交易 |
| | 保护措施 | 制定法规，禁止引进非本地动物种群 |
| 为可能的外来动物进入制订应对方案 | 单个国家公园应对外来物种时的脆弱性 | 对可能引进的外来动物进行研究调查，分析所需管理应对措施 |
| 防止现有外来动物扩散 | 最小化外来动物扩散 | 抑制及处理外来动物的繁殖扩散 |
| 控制外来动物种群 | 使用人工调控手段 | 集中后移除或射杀 |
| 现状评估 | 对外来动物种群数量进行评估 | 分别对采取管理措施前后进行评估 |
| 防止外来植物进入 | 政府措施 | 严格边防检疫；<br>制定名录，禁止特定苗木种类入关 |
| | 保护措施 | 制定法规，禁止引进非本地植物种群；<br>使用本地植物种类进行生态恢复；<br>对土方作业设备进行清洁消毒 |
| 为可能的外来植物进入制订应对方案 | 单个国家公园应对外来物种时的脆弱性 | 对可能引进的外来植物进行研究调查，分析所需管理应对措施 |
| 防止现有外来植物扩散 | 尽量减少对土壤侵害 | 对于受侵扰土壤尽快修复；<br>使用本地植物种类进行生态恢复 |
| | 最小化外来植物扩散 | 采取手段对外来植物进行抑制和清除；<br>首先清除扩散潜力最大的物种 |
| | 将外来物种携带者的影响降至最低 | 管理车辆和行人的行进路线 |
| 控制外来植物种群 | 使用一系列技术调控手段 | 合理运用的技术包括但不限于：<br>火烧；<br>遮阳控制；<br>密集型除草；<br>昆虫；<br>化学制剂 |
| 现状评估 | 对外来植物种群数量进行检测 | 分别对采取预防措施前后进行评估 |

## 3.3　负面清单

对于国家公园确知的危险和威胁，应基于资源价值和影响力对国家公园生物多样性、遗产资源等物质和文化损害程度进行判断，提出具针对性的保护、清除、修复措施

（表 3-3）。对于潜在的危险和威胁，应结合国家公园所处的社会经济环境发展趋势进行评估，提出防护措施。

表 3-3　国家公园内常见威胁类型、原因及潜在影响

| 威胁类型 | 威胁因素 | 对国家公园潜在影响 |
|---|---|---|
| 社区发展类 | ☒ 人口总量高速增长<br>☒ 人口居住过于分散 | 资源环境承载压力；<br>挤压自然生态系统空间 |
| | ☒ 明确列入国家禁止和限制类产业目录的产业类型<br>☒ 污染密集型产业<br>☒ 资源开采类产业 | 生态破坏的影响；<br>环境污染的影响；<br>资源不可持续消耗；<br>影响人类健康 |
| | ☒ 社区观念和价值取向 | 社群观念和价值取向与保育目标无法统一 |
| | ☒ 缺乏教育和知识 | 对于国家公园长远生态功能认识不足 |
| | ☒ 土地利用不合理 | 物种栖息地的破坏；<br>生态脆弱化 |
| | ☒ 生活贫困 | 生态资源（林、草、水等）直接利用和过度使用；<br>生产生活方式落后造成的污染；<br>生态价值/生态多样性的忽视；<br>文化价值/文化多样性的衰退和毁灭 |
| | ☒ 非法活动<br>——非法采矿<br>——非法伐木<br>——非法狩猎<br>——非法纵火 | 破坏地质地貌；<br>破坏原始自然生境；<br>毁灭珍稀野生动植物；<br>破坏自然文化遗产；<br>影响游憩活动和人类健康 |
| | ☒ 武装冲突或社会冲突 | 毁灭性破坏 |
| | ☒ 大型水利水电等公共工程 | 生态系统、遗产资源价值遭受重大损害 |
| | ☒ 工农业发展（引水灌溉、开挖渠道、开打机井、放牧、养殖、捕捞、杀虫剂和农药的使用、工矿企业） | 生态系统、遗产资源价值遭受重大损害 |
| 环境污染类 | ☒ 环境污染（水污染、土壤污染、空气污染、噪声污染、固体废弃物/危险废物污染、农业面源污染、禽畜养殖污染等） | 威胁物种栖息地，增加生态系统承受压力 |
| 旅游活动类 | ☒ 访客总量增长 | 资源环境承载压力；<br>挤压自然生态系统空间；<br>破坏自然文化遗产 |
| | ☒ 访客活动类型<br>——人工化<br>——商业化<br>——城市化 | 破坏生态环境；<br>破坏自然生态系统原真性；<br>影响国家公园性质定位，过于娱乐化；<br>冲击地方文化原真性和多样性 |

| 威胁类型 | 威胁因素 | 对国家公园潜在影响 |
|---|---|---|
| 旅游活动类 | ☒ 旅游服务设施<br>——分区设置不合理<br>——游线组织不合理 | 与保育目标不符 |
| | ☒ 解说教育偏差 | 偏离国家公园保护地目标；<br>游客未获得生态科普教育和国民精神教育 |
| | ☒ 重要交通干线穿境修建 | 干扰生境，破坏完整性 |
| 改变生态/<br>资源类 | ☒ 引进外来动物 | 破坏生态系统平衡 |
| | ☒ 引进外来植物 | 破坏生态系统，改变栖息地和种群数量分布 |
| | ☒ 流域性河流改道 | 破坏生态环境 |
| | ☒ 建筑材料、结构受损 | 确知性毁坏 |
| | ☒ 文化遗产改扩建、仿建 | 遗产资源真实性受损 |
| 自然威胁类 | ☒ 自然灾害（洪水/海啸、泥石流、旱灾、地震、火山喷发等） | 毁灭性破坏原有生态环境 |
| | ☒ 植物病虫害 | 破坏生态系统 |
| | ☒ 自然火灾 | 破坏生态系统，毁灭自然文化遗产，影响人类正常生活 |
| | ☒ 气候变化 | 降低生物多样性、改变物种栖息环境 |

# 第4章 国家公园规划体系管理制度建议

国家公园规划是提供解决保护和传承国家公园内自然与文化资源及其价值，提升国民精神教育方法与途径的行动方案，是对未来整体性、长期性、基本性问题的考量。规划可以有效协调国家公园资源保护与利用（含游憩类）活动的关系，为国家公园的保护管理提供科学的依据。

## 4.1 中国国家公园规划建议

### 4.1.1 中国国家公园的规划层级及目标要求

针对国家公园的复杂性，可建立分层级的国家公园规划体系，包括中国国家公园发展规划、总体规划、详细规划、专项规划和年度实施计划。

**1. 发展规划**

中国国家公园发展规划是全国性的生物多样性和遗产资源空间保护规划，需制定我国国家公园的发展目标，结合国家主体功能区规划、生态红线管控规划、国民经济和社会发展五年规划，贯彻"尊重自然、顺应自然、保护自然""绿水青山就是金山银山""增值自然价值和自然资本""山水林田湖是一个生命共同体"等生态文明体制改革理念，对全国重要生态系统和遗产资源进行全面调查和综合评价，掌握我国国家公园的资源类型、数量和区域分布，确定遴选标准，突出各类自然资源的典型性和代表性，保护自然生态系统和文化遗产原真性、完整性，制定分期发展目标和保护任务，构建保护珍稀野生动植物的长效机制。

### 2. 总体规划

总体规划用于制定单个国家公园及其周边地区资源保护的对策与行动。总体规划是在对国家公园的生态系统、自然文化遗产资源及自然地理环境特点、社会经济条件、资源保护与开发利用问题等进行综合科学考察之后，明确当前主要的保护对象、保护目标、边界范围、资源评价、分类分级、环境影响、敏感分析、生态容量、空间分区、游客体验、设施项目、科普教育、社区发展、产业导引、威胁管控、公众参与等，突出规划的前瞻性、可行性和持续性。国家公园总体规划适用期一般为 10～20 年。

### 3. 详细规划/分区规划

国家公园详细规划是在总体规划的基础上，细分国家公园特定保护对象的空间保护要求、区域容量指标和资源利用强度，量化规划区域各项用地控制指标和建设管控强度，或直接对设施项目建设做出具体的安排和规划设计，回答允许建什么、不允许建什么、怎么建等问题。主要内容有：（1）详细确定国家公园内各类用地的范围界线，明确用地性质和发展方向，提出保护和控制管理要求，以及开发利用强度指标等，制订土地使用和资源保护管理规定细则。（2）对国家公园内的村镇居民点、访客中心、游览设施、医护救援、科普宣教设施等建构筑物项目，明确位置、体量、色彩、风格。（3）确定国家公园各级游览道路的选址选线、断面、控制点坐标和标高。（4）根据规划容量，确定工程管线的走向、管径和工程设施的用地界线。（5）估算工程量和总造价，为国家公园财政预算申请提供依据。

### 4. 专项规划

专项规划的编制可根据国家公园的资源保护或利用需求进行，重点针对总体规划中的某个专题、某项活动，或较为复杂需深入研究的技术问题。例如，环境影响评价、生物多样性保护、生态系统保护/生态恢复、特殊物种和栖息地管理、文化遗产保护、水资源管理、游憩活动、解说系统、社区发展、防火防灾等专项规划。

### 5. 年度实施计划

年度实施计划依据详细规划编制，具体落实国家公园每年规划实施和资源保护目标，列出保护利用项目清单及其规模、投资预算，以及上一年度国家公园保护利用绩效评估状况。国家公园年度财政预算应当与年度实施计划相匹配。

## 4.1.2　中国国家公园规划编制技术流程建议

国家公园规划编制可分为五个阶段进行。

第一阶段为现状调查阶段，勘查国家公园资源构成要素及其状况，调研内容包括区位条件、自然生态和历史文化资源、人类活动、人工设施、土地利用、社区管理等方面。采用的技术方法包括现场踏勘、地形测绘、航片、卫片、遥感影像判读、资料收集、调查问卷、访谈座谈等。

第二阶段为分析评价阶段，分析评价内容涉及多种资源类型，包括动植物、生态、地质、历史文化、风景审美等多个领域，分析国家公园各要素之间相互关系、现实发展和保护目标之间的矛盾。评价包括资源价值和生态过程、结构、功能等。

第三阶段是规划阶段，在资源分析评价基础上，确定规划管理目标，研究采取哪些规划途径能解决现实问题、实现保护目标。

第四阶段为规划评价阶段，主要研究规划可能造成的影响及应对举措，包括环境影响分析、社会影响分析和经济影响分析等。

第五阶段是决策阶段，这一阶段将根据影响分析的结果判定规划方案是否可行。如果是可行的话，就进入实施阶段，如果不可行，则重新进行规划。

在国家公园规划中可以考虑引入美国大自然保护协会的 CAP（保护行动规划）规划方法，进行资源的保护（大自然保护协会，2010）。CAP 保护规划方法通过优先保护在生物多样性中具有代表意义的若干保护对象（通常为 5～8 种），实现对生物多样性整体的有效保护。包括：（1）保护对象的选择。选择最具有代表性的有限数量的保护对象，分析威胁因子和根源，采取对应的保护措施，通过优先保护实现整体保护。（2）分区管理。针对不同的保护与展示需求，进行分区规划，确定不同的建设强度与管理策略。选择普遍的、影响全局的、矛盾最突出的问题优先解决。（3）社区参与受益。采用选择示范点、成功后逐步推广的方式，降低试验成本。为保证保护效果的可持续性使利益相关方受益，从而获得对保护的支持，在保护的前提下允许有限制的利用，包括社区生产生活利用和生态文化旅游。（4）重视展示教育。针对资源特质，进行合理的游览组织，在游赏过程中开展深入的资源保护和展示宣传教育。（5）实施弹性规划的方法。通过监测，对监测结果进行分析，评价保护措施的效率，如果效率不高，则在科学研究的基础上改变保护措施。

# 4.2　规划管理制度的建设

规划管理制度建设主要包括规划编制管理与规划评审管理，结合国家公园体制改革的方向，提出规划编制管理制度和规划评审管理制度建议。

## 4.2.1　规划编制管理

### 1.　规范规划编制管理

经批准的国家公园规划是国家公园保护、利用和管理的依据。国家公园管理机构不得违反国家公园规划审批各类建设活动，不得未批先建。

编制国家公园总体规划，应当进行科学论证，并广泛征求有关部门、专家和公众意见；必要时，可以举行听证。

编制国家公园总体规划应当由具有相关资质编制单位承担。规划编制宜广泛吸收生物学、环境科学、地理学、地质学、城乡规划学、风景园林学、农学、林学、测绘学、社会学、管理学等多学科、多专业人士参与。

国家公园规划编制成果应向社会公众公示，充分吸收公众合理建议。国家公园内重大建设工程项目规划，应当组织相关领域专家进行专题论证，形成专题论证材料，并向社会公众公示。

国家公园总体规划应当自批准设立之日起 2 年内编制完成。同时，制订年度资源保护计划和项目经费预算。

### 2.　构建国家公园规划编制技术标准

国家公园作为生态空间和主体功能区中禁止开发区的重要组成部分，应主动融入"多规合一"规划体系，明确资源保护范围，科学确定生态容量，细化产业准入条件，控制开发利用强度，强化生态风险预警，避免出现国家公园规划有名无实、缺乏衔接、重建设轻保护、重局部轻全局等问题。重点规范以下问题：

（1）边界范围

清晰界定国家公园的范围边界。不管是增加还是减少国家公园的边界范围，都要遵从一个总目标，即为了保护那些对实现国家公园建立目的至关重要的资源及其价值。当部分土地需要划出国家公园边界时，需慎重论证，全面考虑公园当前和未来的需求，确保要划分出去的土地不包含重要的资源、价值或与公园目标相关的公众游憩机会。单纯调减公园边界范围的提案需按照法律授权进行变更。

（2）资源评价

确定重点保护的生态系统和遗产资源。注重资源的类型特性与价值评估，包括生态（服务）价值、科学价值、历史价值、文化价值、审美价值等。

（3）空间分区

分区规划是实施规划管理目标的基本工具和手段。应当在资源评价基础上，对资源保护对象分布、资源重要性及敏感度的评价、传统社区、展示利用要求等进行叠加，确定各分区的用地边界、管理目标、环境容量、保护与利用强度、建设控制规模、管理政策等。

（4）游赏解说与国民教育规划

根据访客体验与资源保护需求，丰富游赏体验和展示利用活动。游憩活动必须在环境承载量允许范围内开展，活动类型符合生物多样性和遗产资源保护要求。细化解说系统，了解自然演变过程和文化发展历史，加强国民精神教育等。

（5）环境影响评价/威胁管控

国家公园应对可能给资源保护带来威胁的游憩活动或设施建设项目进行环境影响评估，确定允许的空间区域、环境所能承受改变的底线，预测关键影响因素及影响程度，对活动影响进行动态监测，设计可行的备选或替代方案，提出消除或减缓影响措施。

（6）公众参与和社区规划

《世界自然宪章》第 23 条规定："只要是依照本国法律，每个人都应当有机会以个人或者集体的身份参加拟订与环境直接有关的决定。"通过公众参与提高规划的针对性。在规划编制阶段对资源保护与利用矛盾进行有效磋商。合理调控社区人口，引导社区产业发展，加强就业技术培训，促进社区利益共享、责任共担，保护社区传统地域文化。

## 4.2.2　规划评审管理

国家公园总体规划应由所在省、自治区、直辖市人民政府报国务院审批。

国家公园详细规划应报国家公园主管部门审批。规范和加强国家公园重大建设工程项目选址方案的审查和核准。

国家公园总体规划审批前，国家公园主管部门应当按照国务院要求，组织专家对规划进行审查，征求国务院有关部门意见后，提出审查意见报国务院。

国家公园主管部门应当将经批准的国家公园规划及时向社会公布，并为公众查阅提供便利。法律、行政法规规定不得公开的内容除外。任何单位和个人都有权向国家公园主管部门举报违反国家公园主管部门规划的行为。

经批准的国家公园规划不得擅自修改。确需对经批准的国家公园总体规划中的边界范围、环境容量、空间分区、生态系统和自然文化遗产资源保护、重大建设项目布局、开发利用强度进行修改的，应当报国家公园主管部门审核，并报国务院批准；对其他内容进行修改的，应当报国家公园主管部门备案。国家公园详细规划确需修改的，应当报国家公园主管部门批准。

任何单位和个人都应当遵守经批准的国家公园规划，服从规划管理，并有权就涉及其利害关系的建设活动是否符合国家公园规划要求向国家公园主管部门查询。

国家公园主管部门应当每5年组织专家对规划实施情况进行评估。评估报告应当及时报国务院。国家公园总体规划的规划期届满前2年，国家公园主管部门应当组织专家对规划进行评估，做出是否重新编制规划的决定。在新规划批准前，原规划继续有效。

国家公园主管部门应当加强对国家公园规划实施的监管力度和监管能力。可建立国家公园遥感动态监测信息系统，对国家公园规划实施、资源保护和项目建设情况实施年度动态监测，及时发现和严肃查处各类违规建设行为。建立国家公园规划督察员制度。

# 第 5 章　试点案例：三江源国家公园生态功能
## 提升策略

国家公园注重生态系统的整体性和自然文化遗产资源的原真性保护，需要兼顾系统各要素的相互作用关系。第 2 章提到，国家公园综合生态系统管理框架可分为范围划定、问题诊断、综合评价、管控目标、管控策略、监测评估、反馈优化 7 个方面。本章将以全国 10 个国家公园体制试点区中最具典型自然生态系统类型特点的三江源国家公园黄河源园区为案例，探索国家公园生态系统功能提升和退化防治修复策略。

## 5.1　三江源国家公园综合生态系统管理

### 5.1.1　边界划定

根据中央要求，在三江源地区选择以三大江河源头为典型代表的区域建立三江源国家公园。三江源国家公园园区划定是依据《三江源国家公园体制试点总体方案》，结合现状实际统筹确定的。公园优化整合了可可西里国家级自然保护区，三江源国家级自然保护区的扎陵湖—鄂陵湖、星星海、索加—曲麻河、果宗木查和昂赛 5 个保护分区，构成了"一园三区"格局，即黄河源、长江源、澜沧江源 3 个园区，总面积为 12.3 万平方千米，占三江源区域面积的 31.2%。涉及青海省玉树藏族自治州杂多县、曲麻莱县、治多县和果洛藏族自治州玛多县。此章将以黄河源园区为例，探讨国家公园的边界范围划定思路和决策依据。

一是考虑生态功能的重要性。三江源有"中华水塔"之称，是全球大江大河、冰川、雪山及高原生物多样性最集中的地区之一。黄河是中华民族的母亲河，黄河源区具有国家层面的水源涵养和汇集的生态服务功能。玛多县境内扎陵湖—鄂陵湖、星星海等区域是黄河源区极为重要的生态功能区。高原千湖景观在三江源区域、黄河流域乃至全国独具特色和魅力。因此，将三江源国家公园体制试点黄河源园区确定在玛多县。

二是考虑自然生态系统保护的完整性。为最大限度地保护以水为核心的黄河源区生态系统，在区域划分上将玛多县域内黄河流域全部划入黄河源区范围，主要包括黄河干支流、湖泊湿地和与此关联紧密的草地生态系统，以保持黄河源区高寒草原草甸湿地生态系统的完整性。在此基础上，先行先试，待条件成熟时将三江源自然保护区约古宗列保护分区纳入黄河源园区范围，以便在更大尺度上实现对黄河源区自然生态系统的完整保护。

三是考虑园区内部行政管理的统一性。在区划上打破了州界、县界，在玛多县域内打破了原有的乡界，以村为单元，有利于社区发展和共管协调。

四是考虑遵循生态系统的自然演变规律与资源的原真性保护。将黄河源园区范围内四类交叉重叠的保护地全部整合纳入，作为三江源国家公园黄河源园区的基本区域，并拓展到与水生态联系紧密的草地生态系统，有利于保持黄河源区生态系统的原始性和高海拔草原游牧文化的原真性。

因此，规划的三江源国家公园黄河源园区包括以扎陵湖—鄂陵湖、星星海为代表的高原湖泊群，含黄河乡、扎陵湖乡、玛查理镇和花石峡镇 25 个行政村以及位于玉树藏族自治州曲麻莱县麻多乡扎陵湖湖泊水体和湖滨带（含扎陵湖鸟岛）方圆 248.55 平方千米的区域（图 5-1）。黄河源园区总面积为 1.91 万平方千米，占玛多县总面积的 72.51%。

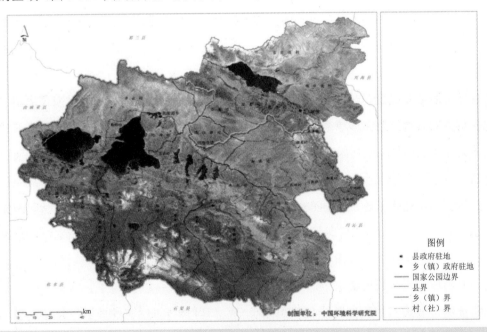

图 5-1　三江源国家公园黄河源园区范围

## 5.1.2　资源调查

规划前期，对三江源国家公园内自然资源进行了三方面调查：生态系统、动物和植物。

生态系统调查的主要内容包括：生态系统类型、植被类型、动物区系、生境（地理位置、地形条件、土壤条件、气候条件、水文条件）、受干扰情况等。

动物调查的主要内容包括：动物种类、数量、分布、习性及生境状况；影响动物生存的主要因素；全国或全省重点保护、特有、珍稀、濒危的动物物种、数量及分布面积；目的物种的数量及分布。调查方法主要包括：直接计数法和抽样调查法。

植物调查的主要内容包括：植被面积与分布；植被种类、数量、分布和生境状况；全国或全省重点保护、特有、珍稀、濒危的植物物种及分布面积；群落的优势种、建群种的植物种类、分布和群落结构特点；植被利用和破坏情况。植被面积与分布的调查主要是利用卫星影像、航空相片、地形图等资料，结合野外勘察，确定国家公园各类植被的面积和分布情况，并在地形图上加以标识；植物种类调查方法主要包括典型抽样法、核实法和系统抽样法（国家林业局，2009）。

根据以上调查内容和方法，三江源国家公园优先保护生态系统、代表群系及优先保护物种名录见表 5-1 和表 5-2。

**表 5-1　三江源国家公园优先保护生态系统及代表群系**

| 编号 | 名称 | 生态系统类型 | 植被亚型 | 特有性 |
|---|---|---|---|---|
| 1 | 冰川、雪山 | 湿地生态系统 | | |
| 2 | 湖泊 | 湿地生态系统 | | |
| 3 | 白桦林 | 森林生态系统 | 寒温性落叶阔叶林 | |
| 4 | 祁连圆柏林 | 森林生态系统 | 寒温性常绿针叶林 | |
| 5 | 塔枝圆柏林 | 森林生态系统 | 寒温性常绿针叶林 | |
| 6 | 岷江冷杉林 | 森林生态系统 | 寒温性常绿针叶林 | 中国特有 |
| 7 | 青海云杉林 | 森林生态系统 | 寒温性常绿针叶林 | 中国特有 |
| 8 | 山杨林 | 森林生态系统 | 寒温性常绿针叶林 | |
| 9 | 紫果云杉林 | 森林生态系统 | 寒温性常绿针叶林 | 中国特有 |
| 10 | 大果圆柏林 | 森林生态系统 | 寒温性常绿针叶林 | 中国特有 |
| 11 | 川西云杉林 | 森林生态系统 | 寒温性常绿针叶林 | 中国特有 |
| 12 | 密枝圆柏林 | 森林生态系统 | 寒温性常绿针叶林 | 中国特有 |
| 13 | 金露梅灌丛 | 森林生态系统 | 高寒落叶阔叶灌丛 | |
| 14 | 头花杜鹃灌丛 | 森林生态系统 | 高寒落叶阔叶灌丛 | |
| 15 | 藏嵩草草甸 | 草原生态系统 | 高寒草甸 | |

| 编号 | 名称 | 生态系统类型 | 植被亚型 | 特有性 |
|---|---|---|---|---|
| 16 | 苔草草甸 | 草原生态系统 | 高寒草甸 | |
| 17 | 矮嵩草草甸 | 草原生态系统 | 高寒草甸 | 区域特有 |
| 18 | 线叶嵩草草甸 | 草原生态系统 | 高寒草甸 | 区域特有 |
| 19 | 小嵩草草甸 | 草原生态系统 | 高寒草甸 | 区域特有 |
| 20 | 紫花针茅草原 | 草原生态系统 | 高寒草原 | |
| 21 | 青藏苔草草原 | 草原生态系统 | 高寒草原 | 区域特有 |

**表 5-2　三江源国家公园优先保护物种名录**

| 编号 | 物种 | 保护等级 | 濒危等级 | 特有性 |
|---|---|---|---|---|
| 1 | 藏羚羊 | 1 | 濒危（EN） | 中国特有种 |
| 2 | 藏野驴 | 1 | 易危（VU） | 青藏高原特有种 |
| 3 | 野牦牛 | 1 | 易危（VU） | 中国特有种 |
| 4 | 雪豹 | 1 | 濒危（EN） | |
| 5 | 盘羊 | 2 | 濒危（EN） | 中国特有亚种 |
| 6 | 猕猴 | 2 | 易危（VU） | 中国特有亚种 |
| 7 | 马麝 | 1 | 濒危（EN） | 青藏高原特有种 |
| 8 | 马鹿 | 2 | 濒危（EN） | 青藏高原特有亚种 |
| 9 | 棕熊 | 2 | 濒危（EN） | 中国特有亚种 |
| 10 | 白唇鹿 | 1 | 濒危（EN） | 中国特有种 |
| 11 | 林麝 | 1 | 易危（VU） | |
| 12 | 金钱豹 | 1 | 濒危（EN） | |
| 13 | 黑颈鹤 | 1 | 濒危（EN） | 中国特有种 |
| 14 | 白马鸡 | 2 | 易危（VU） | 中国特有种 |
| 15 | 绿尾虹雉 | 1 | 易危（VU） | 中国西南特有种 |
| 16 | 湿生阔蕊兰 | | 极危（CR） | 中国特有种 |
| 17 | 兜蕊兰 | | 近危（NT） | 中国特有种 |
| 18 | 西藏玉凤花 | | 近危（NT） | 中国特有种 |
| 19 | 华福花 | | 易危（VU） | 中国特有种 |

### 5.1.3　问题诊断

**1. 自然资源特征**

（1）土地资源以草地和水域为主

参照《全国土地利用现状调查技术规程》和第二次全国土地调查分类系统——《土地利用现状分类》（GB/T 21010—2007），根据实地调查和遥感卫星影像，园区内土地主要包括牧草地、林地、城镇村及工矿用地、交通运输用地、水域及水利设施用地和其他土地 6 个类型，无耕地和园地（表 5-3）。

**表 5-3 黄河源园区土地利用现状**

| 土地利用类型 | 面积/km² | 占园区面积比例/% |
|---|---|---|
| 耕地 | 0 | 0 |
| 园地 | 0 | 0 |
| 林地 | 3.47 | 0.02 |
| 草地 | 14696.97 | 76.97 |
| 城镇村及工矿用地 | 0.94 | 0 |
| 交通运输用地 | 3.39 | 0.02 |
| 水域及水利设施用地 | 3031.46 | 15.88 |
| 其他土地 | 1359.01 | 7.12 |
| 合计 | 19095.24 | 100 |

（2）草地资源以高寒草甸为主，区系成分简单

三江源国家公园黄河源园区植被主要以草地为主，总面积 14696.97 平方千米，占玛多县全县草地总面积的 65.24%，多为中低盖度草地。草地类型以高寒草甸为主，分布广，面积大，区系成分简单，以高山蒿草、藏蒿草和矮蒿草等为优势种群，占可利用草地面积的 71.05%，其余为高寒草原类、高寒荒漠类和高寒草甸草原类，以紫花针茅为主，植被稀疏，覆盖度小，草丛低矮，层次结构简单。

（3）水资源丰富，水质良好

玛多县境内黄河流域 1956—2012 年多年平均径流量为 16.95 亿立方米。境内黄河流域涉及一级水功能区 1 个，境内未划分二级水功能区。根据 2013 年水质监测资料，所监测的一级水功能区，即黄河玛多源头水保护区水质达标，达标比例为 100%。玛多县境内黄河流域 6 个河流监测断面均达到《地表水环境质量标准》（GB 3838—2002）II 类以上水质标准。玛多县城饮用水水源为地下水，水质偏硬，其余评价指标均达到或优于相关评价标准规定。

（4）湿地资源极为丰富

园区独特的地理环境孕育了丰富的湿地资源，湿地总面积 2299.51 平方千米。湿地类型主要包括河流湿地、湖泊湿地、沼泽湿地，面积分别为 71.37 平方千米、1756.87平方千米、471.27 平方千米。其中，黄河干支流是最主要的河流湿地。扎陵湖、鄂陵湖、星星海等高海拔天然湖泊湿地间也分布有一定面积的高寒沼泽草甸湿地。

## 2. 生态环境问题

### （1）气候变暖

近几十年，黄河源区平均气温升高了约 0.70℃，其中温度变化最大的季节是冬季，升高了 1.20℃（表5-4）。黄河源区从 1986 年开始增暖，是高原异常变暖区，变热主要表现在最低气温变高、日照时数增加等。与全球、全国以及青藏高原不同，黄河源区变暖并不仅仅包括冬季变暖，秋季气温也具有一定的增幅（杨建平等，2004）。黄河源区是整个三江源气温升幅最大的区域之一，其中以青海省黄南藏族自治州泽库县地区增幅最大，上升的速度达到每 10 年 0.42℃。

表 5-4　黄河源区与其他地区气候升温对比

| 地区 | 年平均气温上升/℃ | 升幅最大 | 最近一次变暖时间 |
| --- | --- | --- | --- |
| 全球 | 0.60 | 冬季 | 1978 年 |
| 中国 | 0.40～0.50 | 冬季 | 1986 年 |
| 青藏高原 | 0.60 | 冬季 | 1971 年 |
| 黄河源 | 0.70 | 秋、冬季 | 1986 年 |
| 长江源 | 0.80 | 春、夏、秋季 | 1971 年 |

### （2）草场退化，鼠害严重，传统畜牧业局限性更加明显

据统计，黄河源区有多于 50% 的黑土型退化草场是因鼠害所致。目前退化草场的面积仍占草地面积的 70% 左右，4853 平方千米黑土滩需治理，8302 平方千米草原鼠害发生区需防治。传统畜牧业是玛多县主体经济，在草场承载力有限的情况下，以家庭承包经营为主的草场利用方式和畜牧业生产经营方式对提高畜牧业效益、保护草场生态的局限、影响和矛盾日益凸显。

### （3）水土流失、土地沙化，湿地生态系统退化

黄河源区水土流失和沙化面积逐年增多，不仅使当地生态环境恶化，而且威胁中下游地区生态环境安全。玛多县最为严重，草场植被完全破坏后，形成沙化土地，为周边地区土地沙漠化提供了大量沙源物质，形成大小成群的沙砾滩。近年来，黄河源区湿地总面积整体呈现缩减趋势，水域湿地面积逐年减少，冰川/永久积雪呈退缩状态，沼泽低湿草甸植被向中旱生高原植被演变，大片沼泽湿地消失，泥炭地干燥并裸露，导致沼泽湿地水源涵养功能降低。《三江源国家级自然保护区生态保护和建设总体规划》一期工程和正在实施的二期工程开展了沙漠化土地防治 232 平方千米，重点沼泽湿地保护 301 平方千米，

但目前仍有 7609 平方千米沙漠化土地待改善，5810 平方千米重点沼泽湿地需保护。

## 5.1.4　综合评价

### 1. 评价方法

本书提出三江源功能分区指标体系，以自然环境因素为主，综合考虑人类活动因素，兼顾指标的重要性、系统性和可获得性，选取 13 项指标对三江源的生态系统服务、重要物种潜在生境、生态敏感性和生态压力进行综合评价（表 5-5）。

表 5-5　三江源国家公园功能分区评价指标体系

| 指标类 | 指标项 | 权重 |
| --- | --- | --- |
| 生态系统服务 | 固碳 | 0.18 |
| | 水源涵养 | 0.51 |
| | 土壤保持 | 0.31 |
| 重要物种潜在生境 | 有蹄类潜在分布 | 0.47 |
| | 鸟类潜在分布 | 0.37 |
| | 鱼类潜在分布 | 0.16 |
| 生态敏感性 | 植被覆盖度 | 0.36 |
| | 河流湖泊 | 0.29 |
| | 地形地貌 | 0.14 |
| | 土壤侵蚀强度 | 0.12 |
| | 气候变化指数 | 0.09 |
| 生态压力 | 人口密度 | 0.50 |
| | 牲畜密度 | 0.50 |

运用 GIS 空间分析功能，将各评价指标自身所对应的属性数据按照生态重要性程度，依 4 个层次分级赋值，结合层次分析法和专家打分法确定指标体系中各个指标的权重，最后采用综合指数法对各评价指标分级赋值后进行加权叠加，并将评价结果分为 4级，即一般重要区、较重要区、重要区和极重要区（表 5-6）。

表 5-6　三江源国家公园功能分区评价指标分级

| 指标项 | 一般 | 较重要 | 重要 | 极重要 |
| --- | --- | --- | --- | --- |
| 固碳 | <60 | 60~120 | 120~180 | >180 |
| 水源涵养 | <200 | 200~300 | 300~400 | >400 |

| 指标项 | 一般 | 较重要 | 重要 | 极重要 |
|---|---|---|---|---|
| 土壤保持 | 0～50 | 50～200 | 200～400 | >400 |
| 有蹄类潜在分布 | 不适宜 | 较不适宜 | 适宜 | 最适宜 |
| 鸟类潜在分布 | 不适宜 | 较不适宜 | 适宜 | 最适宜 |
| 鱼类潜在分布 | 不适宜 | 较不适宜 | 适宜 | 最适宜 |
| 植被覆盖度 | <30 | 30～45 | 45～60 | >60 |
| 河流湖泊 | 其他区域 | 河流 100 m 缓冲区 | 河流 50 m 缓冲区 | 河流、湖泊、湿地 |
| 地形地貌 | — | 冲湖积平原 | — | 高原极高山 |
| 土壤侵蚀强度 | 微度侵蚀 | 轻度侵蚀 | 中度侵蚀 | 强烈侵蚀 |
| 气候变化指数 | <2.5 | 2.5～3.0 | 3.0～3.5 | >3.5 |
| 人口密度 | 0～0.25 | 0.25～0.5 | 0.5～0.75 | 0.75～1.0 |
| 牲畜密度 | 0～15 | 15～30 | 30～45 | 45～60 |
| 分级赋值 | 1 | 2 | 3 | 4 |

2. 综合评价

在对已有生态系统服务功能分类体系充分调研的基础上，对黄河源园区生态系统在固碳、水源涵养、土壤保持、洪水调蓄四个方面的功能进行评估。

（1）固碳

三江源国家公园黄河源园区植被主要以草地为主，总面积 14696.97 平方千米。基于生态系统生物量估算碳库，评价生态系统固碳功能（图 5-2）。

（2）水源涵养

采用 InVEST 模型进行定量评估，基于水量平衡原理，忽略地下水的影响，认为栅格单元的降水量减去实际蒸散发后的水量即为产水量，在产水量的基础上考虑土壤厚度、渗透性、地形等因素的影响，计算水源涵养量（图 5-3）。

（3）土壤保持

植被对大气降水的截留减少了雨滴对土壤表层的直接冲击，降低了地表径流对土壤的冲蚀，降低土壤流失量，减少了土壤养分损失，起到保育土壤的作用。生态系统土壤保持功能从保持土壤肥力和减轻泥沙淤积灾害两个方面评价（图 5-4）。

（4）洪水调蓄

湖泊、坑塘、沼泽等湿地具有蓄洪、泄洪、削减洪峰的作用，对减轻与预防洪水的危害发挥了重要作用。基于可调蓄蓄水量与湖面面积之间的数量关系，构建湖泊洪水调蓄功能评价模型，评价黄河源园区生态系统的洪水调蓄功能（图 5-5）。

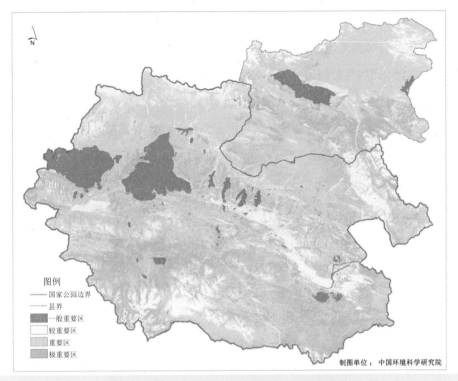

图 5-2　黄河源园区生态系统固碳功能空间分布

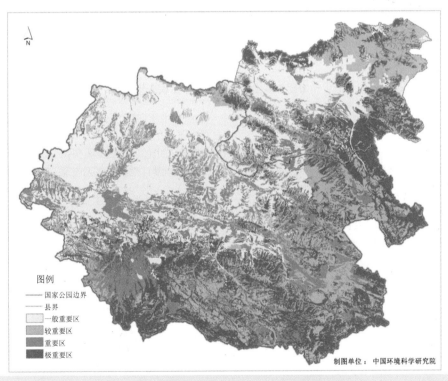

图 5-3　黄河源园区生态系统水源涵养功能空间分布

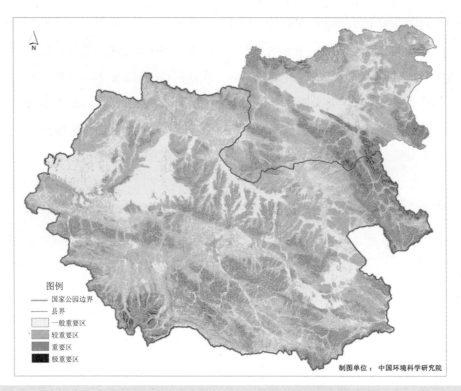

图 5-4  黄河源园区生态系统土壤保持功能空间分布

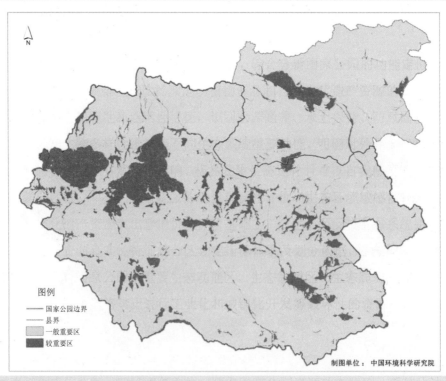

图 5-5  黄河源园区生态系统洪水调蓄功能空间分布

（5）生态系统服务功能评价结果

采用综合指数法对生态系统服务功能重要性进行评价，对各个服务功能评价指标进行分级赋值后等权重叠加，结果按自然断点分类法（Natural Breaks）将黄河源园区生态系统服务功能重要性划分为 4 个等级（表 5-7、图 5-6）。生态系统服务功能在黄河源园区内表现出明显的空间差异。

表 5-7　黄河源园区生态系统服务功能评价结果

| 分类 | 玛多县 | | 国家公园 | |
| --- | --- | --- | --- | --- |
| | 面积/km² | 比例/% | 面积/km² | 比例/% |
| 一般重要区 | 5584.12 | 22.58 | 4092.41 | 21.43 |
| 较重要区 | 8093.13 | 32.73 | 6081.60 | 31.85 |
| 重要区 | 6505.53 | 26.31 | 5168.80 | 27.07 |
| 极重要区 | 4544.89 | 18.38 | 3752.43 | 19.65 |
| 总计 | 24727.67 | 100.00 | 19095.24 | 100.00 |

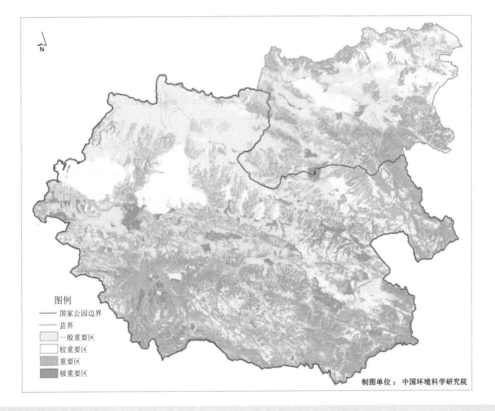

图 5-6　黄河源园区生态系统服务空间分布

## 5.1.5　功能区划

**1.　功能区划原则**

（1）保护生态系统的原真性、珍稀濒危野生动植物栖息地的完整性

保障生态系统的原真性和珍稀濒危野生动植物栖息地的完整性是国家公园核心功能的体现。因此，三江源国家公园黄河源园区的功能区划应确保区域内高寒湖泊、沼泽湿地生态系统、高寒草甸生态系统等具有代表性的生态系统的原真性，以及雪豹、藏羚羊、野牦牛等代表性野生动植物的栖息地的完整性。

（2）保障重要的生态系统服务功能，促进退化生态系统恢复

生态系统服务功能的正常运转是国家公园区域生态安全的重要保障。黄河源园区的功能区划应考虑其在区域所发挥的水源涵养、洪水调蓄、雪豹和藏羚羊等珍稀濒危野生动植物栖息地等重要的生态系统功能，将上述功能集中的区域进行有效保护。此外，应着重考虑退化草场与湿地恢复和鼠害虫害区域防治，提高生态系统的稳定性。

（3）实现自然资源的科学保护与永续利用

国家公园内自然资源的保护与社区群众的生产生活息息相关，科学界定国家公园资源利用区域是保障自然资源得到良好保护和永续利用的基础。三江源国家公园黄河源园区利用区域的界定应充分考虑当地牧民基本经济来源和生活需求，合理调控并降低生活生产对草地资源的依赖程度，有效保护国家公园内自然生态环境和野生动植物资源，实现自然资源的永续利用。

（4）保留宣传教育、游憩体验的场所

国家公园内的自然资源是全民所有资源，国家公园应划定合适的自然和人文景观、历史遗迹等区域，允许适当规模的访客进行参观游憩，使访客了解国家公园的自然价值，进一步起到宣传教育的作用。三江源国家公园黄河源园区应立足于现有的自然湿地景观、草地景观及野生动物和藏文化等人文景观，充分考虑区域的环境容量，科学划定游憩区域。

（5）多规合一，实现园区空间用途管制

通过编制《三江源国家公园生态保护与发展规划》，落实区域范围内"一盘棋"的理念和要求，形成引领国家公园和县域建设发展的一张蓝图，对园区管委会和县政府工作起到指导、管控、约束作用，进而实现区域国土空间用途管制。

## 2. 衔接主体功能区划定位

通过与《全国主体功能区规划》《全国生态功能区划》《青海省主体功能区规划》《青海三江源国家生态保护综合试验区总体方案》《青海三江源生态保护和建设二期工程规划》《玛多县土地利用总体规划（2006—2020 年）》等国家或地方规划的衔接，可以看出，在三江源国家公园中，三江源草原草甸湿地重点生态功能区在全国主体功能区规划中属限制开发区，扎陵湖—鄂陵湖、星星海两个保护分区为国家禁止开发区，在全国生态功能区划属三江源水源涵养与生物多样性保护重要区。岗纳格玛错湿地和玛多湖湿地，主要城市饮用水水源保护地——玛多县玛查理河水源地，省级文物保护单位——莫草得哇遗址均为省级禁止开发区。《玛多县土地利用总体规划（2006—2020 年）》所涉及的采矿用地、交通运输用地、水利设施用地、能源设施用地等均不在国家公园核心保育区和生态保育修复区范围内，与国家公园功能区划保护目标不冲突。另外，《玛多县土地利用总体规划（2006—2020 年）》中部分牧业用地与生态保育修复区管理目标相矛盾，部分有条件建设区与传统利用区管理目标相矛盾，需相应进行空间区划调整。

## 3. 功能区划结果

以上述分析为基础，充分考虑三江源国家公园黄河源园区自然生态系统类型及洪水调蓄、水源涵养、珍稀野生动植物栖息地等生态系统服务功能，自然和人文景观的分布情况，结合区域生态敏感性和脆弱性划分结果，统筹衔接区域"十三五"等各类规划，将上述研究成果分层叠加到图面。依据自然资源管护的严格程度进行多寡优选，将青海三江源国家公园黄河源园区划分为核心保育区、生态保育修复区、传统利用区以及居住和游憩服务区 4 个功能分区及外围管护地带（表 5-8、图 5-7）。

表 5-8　三江源国家公园黄河源区分区管理目标和保护措施

| 一级分区 | 面积/km² | 二级分区 | 生态特征 | 管控措施 |
|---|---|---|---|---|
| I 核心保育区 | 5488.83 | I-1 扎陵湖—鄂陵湖核心保育区 | 大面积高原湖泊湿地，中高覆盖度草地，有蹄类、鸟类等重要物种栖息地 | 管理目标：保护高寒生态系统、珍稀野生动植物；措施要求：对湿地进行封禁保育，执行严格的草畜平衡，执行野生动物保护补偿制度；在允许的范围内可开展一定的参观游憩，景观周边禁止修建与国家公园整体相违背的人工设施和建筑，且游客的数量、路线和行为等受园区管理委员会统一管理 |
| | | I-2 星星海核心保育区 | 原始的高寒湿地生态系统 | |
| | | I-3 尕拉拉错核心保育区 | 巴颜喀拉山水源涵养功能区 | |

| 一级分区 | 面积/km² | 二级分区 | 生态特征 | 管控措施 |
|---|---|---|---|---|
| Ⅰ核心保育区 | | Ⅰ-4岗纳格玛错核心保育区 | 原始的湿地生态系统,特有鱼类分布区 | 管理目标:保护高寒生态系统、珍稀野生动植物;<br>措施要求:对湿地进行封禁保育,执行严格的草畜平衡,执行野生动物保护补偿制度 |
| | | Ⅰ-5贺陆峡里卡也玛核心保育区 | 白唇鹿、藏牦牛等重要物种栖息地 | 管理目标:保护高寒草原草甸生态系统、珍稀野生动植物;<br>措施要求:考虑草地承载力和野生动物种群数量,可开展一定程度的传统牧业,执行严格的草畜平衡,执行野生动物保护补偿制度 |
| Ⅱ生态保育修复区 | 2795.45 | Ⅱ-1哈拉山保育修复区 | 低盖度草地、裸岩 | 管理目标:修复退化草地及水土流失区;<br>措施要求:以自然恢复和人工修复相结合的方式进行修复,恢复草地生态系统,阶段性禁牧、禁止开发建设项目进入 |
| | | Ⅱ-2扎陵湖南保育修复区 | 退化草地、沙地、裸岩 | 管理目标:对退化草地、沙化地及水土流失区修复;<br>措施要求:以自然恢复和人工修复相结合的方式进行修复,恢复草地生态系统,实施封沙育草、生物治沙等重点生态治理工程项目,阶段性禁牧、禁止开发建设项目进入 |
| | | Ⅱ-3叶合苟南门得保育修复区 | 低盖度草地、裸岩、雪山 | 管理目标:对退化草地、湿地及水土流失区修复;<br>措施要求:以自然恢复和人工修复相结合的方式进行修复,恢复草地生态系统,阶段性禁牧、禁止开发建设项目进入 |
| | | Ⅱ-4塘格玛保育修复区 | 退化草地、沙地 | 管理目标:对退化草地、沙化地、"黑土滩"及水土流失区修复;<br>措施要求:以自然恢复和人工修复相结合的方式进行修复,恢复草地生态系统,实施沙化治理、鼠虫害防治等重点生态治理工程项目,阶段性禁牧、禁止开发建设项目进入 |
| Ⅲ传统利用区 | 10810.96 | — | 中低覆盖度草地,区域生态状况稳定 | 管理目标:保护湿地、草原草甸生态系统、珍稀野生动植物,开展生态畜牧业;<br>措施要求:基于草场承载力,严格执行草畜平衡;在该区的草地退化、沙化、"黑土滩"等区域,以自然恢复为主,通过实施阶段性禁牧,促进生态系统的良性发展;在允许的范围内可开展一定的参观游憩,景观周边禁止修建与国家公园整体相违背的人工设施和建筑,且游客的数量、路线和行为等受园区管理委员会统一管理 |
| Ⅳ居住和游憩服务区 | — | — | 具有重要宣教意义的自然和人文景观 | 管理目标:社区发展,访客体验,环境教育;<br>措施要求:作为园区支撑区域,是人口聚居和集中区域、访客体验和环境教育的主要区域,保护生态环境,建设必要的、完备的基础服务设施 |

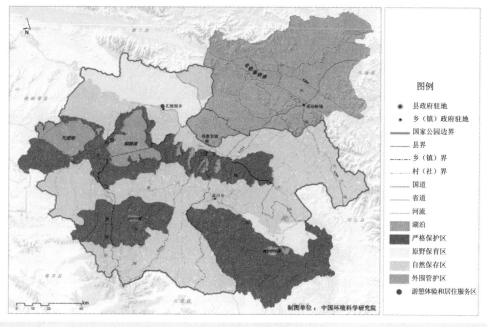

**图 5-7　三江源国家公园黄河源区功能分区**

## 5.1.6　监测评估

### 1. 生态与资源监测体系

黄河源园区生态与资源监测体系由六个部分组成，如图 5-8 所示。

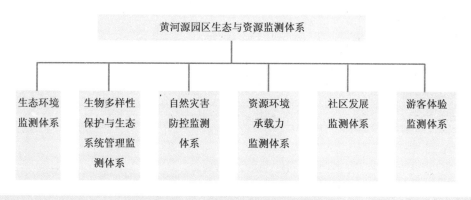

**图 5-8　黄河源园区生态与资源监测体系**

## 2. 生态系统监测尺度

确定国家公园监测尺度，主要根据三方面内容：

（1）遥感识别能力

根据常用遥感卫星数据的"植被—地形"、面状地物和线状地物的研究目标尺度，可分为宏观尺度、大尺度、中尺度和小尺度四类（表5-9）。

**表5-9　遥感数据空间尺度划分**

| 尺度划分 | 空间分辨率范围/m | 对应常用遥感数据类型 | 适宜研究尺度 |
|---|---|---|---|
| 宏观尺度 | 1000 | AVHRR、MODIS（1000 m） | 国家尺度 |
| 大尺度 | 250～500 | MODIS（250 m） | 区域尺度 |
| 中尺度 | 10～30 | Landsat、SPOT、CBERS、Beijing-1、Aster、ALOS | 生态系统尺度 |
| 小尺度 | <5 | IKONOS、OrbView、Quickbird | 斑块尺度 |

（2）国家公园的规模结构

国家公园生态系统监测尺度的选择与国家公园本身的面积结构、生态系统特点有直接关系，监测对象的大小是生态系统监测可行性的重要考虑因素，通过分析国家公园面积结构特征，为生态系统监测尺度分配、监测能力评估提供依据。

（3）国家公园生态系统特征

根据国家公园主要生态系统类型、地貌特征，参照遥感监测依据，分析生态系统结构的复杂状况和时间分布特征，确定生态系统监测尺度（表5-10）。

**表5-10　各生态系统类型复杂性和时间分布特性分析**

| 生态系统类型 | 主要植被类型 | 地貌特征 | 遥感监测依据 | 复杂性分析 | 时间分布特性 |
|---|---|---|---|---|---|
| 森林生态系统 | 林地 | 山地 | 坡向、海拔、光谱 | 类型复杂多样 | 森林生态系统稳定，年际变化小，主要来源于火灾、虫灾、砍伐、人工林建设等自然灾害和人为干扰 |
| 草原与草甸生态系统 | 草原、草甸 | 平原、丘陵 | 光谱、地形起伏 | 类型较为简单 | 草原植物生长的年季变化大，易受鼠虫灾害、火灾、雪灾、草原退化、沙化、盐渍化等影响 |
| 荒漠生态系统 | 荒漠、戈壁 | 平原、丘陵 | 基质、光谱 | 类型较为简单 | 荒漠生态系统较稳定，但受自然干扰较多 |
| 湿地生态系统 | 水域湿地、湿生植被 | 平原、丘陵 | 水体、地貌、光谱 | 类型多样 | 湿地生态系统受气候因素影响，水陆交替、植物季相变化明显 |

　　遵循以上原则，确定国家公园生态系统监测的空间尺度，建立不同规模和生态系统类型国家公园对应的遥感监测尺度查找表（表 5-11）。

**表 5-11　国家公园遥感监测尺度查找表**

| 国家公园生态系统类型 | 国家公园规模 | | | | |
|---|---|---|---|---|---|
| | 特大型（＞100 万 hm²） | 中大型（10 万～100 万 hm²） | 大型（1 万～10 万 hm²） | 中型（1000～1 万 hm²） | 中小型（＜1000 hm²） |
| 森林型 | 中尺度 | 中尺度 | 中尺度 | 小尺度 | 小尺度 |
| 草原、草甸型 | 大尺度 | 中尺度 | 中尺度 | 中尺度 | 小尺度 |
| 荒漠型 | 大尺度 | 中尺度 | 中尺度 | 中尺度 | 小尺度 |
| 湿地型 | 中尺度 | 中尺度 | 中尺度 | 小尺度 | 小尺度 |

　　根据研究对象的物理及生物现象的动态变化规律、国家公园的保护管理状况以及遥感数据获取能力，确定不同类型国家公园生态系统监测周期（表 5-12）。

**表 5-12　国家公园生态系统监测周期**

| 国家公园类型 | 监测周期 | |
|---|---|---|
| | 保护状况好 | 保护状况差/存在干扰 |
| 森林型 | 5～10 年 | 3～5 年 |
| 草原、草甸型 | 3～5 年 | 2～3 年 |
| 荒漠型 | 5～10 年 | 3～5 年 |
| 湿地型 | 1～2 年 | 2 次/年（丰、枯水期） |

　　该时间周期表示常规条件下确定的时间尺度，在实际应用过程中，还需要根据国家公园突发灾害事件（如地震、雪灾、洪涝灾害、火灾等）、特殊保护管理需求等情况调整监测的时间频度（李俊生等，2010）。

　　由以上分析可知，对三江源国家公园应使用大尺度监测，监测周期为 2～3 年。根据监测尺度和三江源国家公园实际情况，三江源国家公园监测模式选择精细监测模式和宏观监测模式相结合的方式，对三江源国家公园全域进行宏观的常规监测，对生态破坏严重的区域进行精细监测。

**3．监测评估**

　　在生态监测的基础上，由国家公园主管部门牵头，吸收相关部门和社会组织开展第三方评估，对其生态系统完整性、环境质量变化、生态工程成效、生态制度执行、文化遗产保护、社区发展、科研教育、社会参与和资金管理等进行评估，作为保护绩效考核的重要依据。同时，因旱涝灾害、病虫害、人为破坏等生态系统破坏事件具有突发性、不确定性等特点，国家公园管理机构在管理上应保持相应的灵活性和适应性。在综合评估基础上，对发现的变化及存在的问题，进一步加强空间信息的收集、整理和分析，反馈优化管理方案。

## 5.2　三江源国家公园生态系统退化防治修复策略

### 5.2.1　重要物种保护

通过调查、研究、监测等方式了解规划区域的基本状况，采取补偿、禁渔、拆围栏等手段，减少不合理的人为影响，科学规划野生动植物种群和重要物种生境的保护范围，有针对性地提出保护策略和恢复措施。

主要途径包括：

（1）资源调查。开展三江源国家公园重点野生动植物资源普查和专项调查，建立大数据资源数据库，摸清家底，找准问题，为后续研究提供基础。

（2）专题研究。开展气候变化对三江源生物多样性影响、生物多样性监测、虫草采挖调控、草畜平衡动态保护、宣传教育等专题研究。

（3）打击盗猎，巡护救助。加大财政支持力度，常态化、全覆盖开展反盗猎活动。组建野外巡护队开展物种监测和保护，建设野生动物救助站。

（4）减控威胁。围绕高原特有野生土著鱼类保护，开展湖泊湿地禁渔工程。在客观统计和科学论证基础上拆除围栏。对冬虫夏草、大黄、红景天等市场需求量大、生存环境脆弱的物种加大人工栽培生产。对牧民群众因生物多样性保护导致的经济损失进行合理适度补偿。

### 5.2.2　草地保护与恢复

科学研究三江源草地资源的生长发育规律，准确界定各片草场范围和载畜量。对不同功能分区，采取差异化管理模式。在核心保育区和生态保育修复区，对退化草地、湿地及沙化地，采取封育、禁牧措施，进行自然恢复；其他区域通过阶段性禁牧、已垦草原退牧还草、草畜平衡、人工修复与补播等措施，实行以草定畜，减少草地载畜量和不合理的生产经营活动，保持草地的生态压力在可承受范围内，使草地植被覆盖度得到恢复和提高。在传统利用区和居住游憩服务区，可适当加大草场建设投入，开展牲畜暖棚、饲草料基地、人畜饮水、防疫工程等草地保护配套基础设施建设。

对三江源国家公园黄河源园区"黑土滩"型退化草地的治理，应根据地区的自然状况，紧密结合治理区"黑土滩"型退化草地的实地条件，因地制宜地采取不同的治理措施，以草地生态恢复为基础，合理地利用退化草地。本着"先易后难，分步实施"的原则，治理一片，成功一片，逐步恢复三江源国家公园黄河源园区退化草地的生态功能。为了节约投资，避免重复建设，"黑土滩"型退化草地综合治理工程应与草原封育、鼠害防治等相关配套措施相结合，逐步推进生态保护与恢复工作，实现生态保护与资源可持续利用的良性互动。

## 5.2.3　湿地保护与恢复

通过采取退出、保护、保障、治理、转变等各种措施，减少不合理的生产经营活动，逐步减轻湿地的生态负荷，使湿地自然生态环境得到恢复和保护；通过退牧、封育等恢复湿地自然生态系统。主要途径包括：

（1）继续推进退牧还湖还湿，通过封育、减畜等措施，降低人类活动的影响，使湿地生态系统得到有效恢复。

（2）加大保护力度，通过植被恢复等工程措施，保护湿地生物多样性集中区等生态功能区，保证三江源国家公园黄河源园区的湿地生态系统功能得以有效发挥。

（3）对重点湿地以自然封育为主，对部分生态退化比较严重、靠自然难以恢复的湿地地段，辅以人工措施，如种植人工草地等，加速湿地生态恢复。

（4）组织国家公园内原有牧民转为生态管护人员，有组织地从事湿地生态保护工作。通过开展基础教育、组织技能培训等措施，保障转业居民生计。建立和健全有关法律法规，加强监管能力建设，从机制上保证国家公园及玛多县有一个良好的湿地生态环境。

（5）通过生产设施的建设和基础教育保障，逐步改变生产方式，使传统牧业逐渐过渡为现代养殖业。

### 5.2.4　沙化治理与修复

根据沙化土地的分布和沙化的程度，结合规划功能分区，对不同类型的沙地采取因地制宜的生态重建和保护性治理方式。

（1）核心保育区：对于核心保育区的沙地通过封沙育草的方式，禁止人为和牲畜破坏，给退化草地以繁衍生息的时间，逐步恢复自然植被。

（2）生态保育修复区：对于生态保育修复区尚有植被生长的固定沙地采取以封育为主的治理方式，同时辅以生物治沙措施，通过人工种草促进沙地的植被恢复；对于植被生长困难的半固定、流动沙地，采取机械沙障与种草相结合的复合治沙模式，通过沙障的覆盖为植物生长创造条件，最终建立以固沙植物为主的生物治沙体系。

（3）传统利用区：对于传统利用区具有植被生长条件的固定、半固定沙地，通过生物治沙的方式，建立以人工草地为主的植被固沙体系；对于植被生长困难的半固定、流动沙地，采取机械沙障与种草相结合的复合治沙模式，建立以固沙植物为主的生物治沙体系。

对于其他区域的沙地，禁止牲畜破坏和小金矿开发等其他人为干扰活动，防止沙地的进一步扩张。

### 5.2.5　减人提质，控制干扰

人口的生产生活活动对三江源的生态资源保护构成极大压力，为此，需要控制人口数量，调整人口布局。将三江源国家公园核心保育区的人口全部迁出，使核心保育区生态环境在没有人类干扰的情况下逐渐自然恢复；其他功能分区的人口适度聚居，以利于对人类不合理生产行为进行控制，对生活垃圾进行集中处理；可以积极进行劳务输出，减少三江源国家公园常住人口数量，减轻人口对当地生态环境的压力。

同时，注重人口素质教育和生态保护培训，增强居民和社会公众的生态环保意识。加大政府对基础教育的财政投资，强化农牧区的"两基"教育；扩展办学途径，发展多种形式的职业技术教育，提高现有劳动者的职业技能水平；加大信息基础设施建设，扩展电视信号、报纸杂志的宣传覆盖范围（窦睿音，2016）。

# 第6章 应用案例：国家公园自然文化遗产
有效保护模式

中华文明数千年发展过程中，人类生产活动与自然生态密不可分，有敬畏崇拜，有掠夺开发，有共生共荣。这些受人类活动干扰和影响较深的区域，相比纯自然或近自然生态区域，所面临的保护压力更为突出。

本章将以全国十大国家公园体制试点区最具文化遗产特征的北京长城国家公园体制试点区为案例，探索以文化遗产保护带动自然生态系统恢复，弘扬中华民族精神、增强民族自信心和自豪感，推动区域管理模式、资源保护模式、社区发展模式和资金投入模式创新，实现文化遗产和自然生态系统保护相互促进。北京长城国家公园在可进入性上是目前全国条件最好的，其价值主体是文化遗产，空间面积主体是中国北方农牧交错带的生态系统，如果其范围从目前的 59.91 平方千米扩大至北京长城系列整体及其周边区域的话，其生态代表性就更具有全国价值。

## 6.1 资源价值

### 6.1.1 文化遗产价值极为突出

长城是中国古代的军事防御工程，大多建于地势险要、地质坚固、地形复杂险峻之处，历代长城总长为 21196.18 千米。北京长城位于华北平原的北部边缘，利用山地和平原的自然分界线，沿燕山和太行山内侧山脊修建，呈现出环抱北京小平原、拱卫京师的态势。北京市境内史迹可考最早修建的是战国燕长城，经过历朝历代更迭变迁，目前保留的居庸关、古北口、八达岭、慕田峪、司马台、金山岭等主要是明代长城，其中位于燕山山脉与太行山山脉交汇处的延庆区八达岭长城保存最为完整。明代将长城沿线划分为 9 个防守区段，称为"九边"，每边设总兵镇守，称为"九边九镇"。同时，为了保障京师和西北昌平十三陵陵寝的安全，于蓟镇所辖长城中，增设昌镇［镇治（即总兵府驻地）在昌平］和真保镇（镇治在保定）成为"九边十一镇"（张玉坤等，2005）。

长城反映了中国古代农耕文明和游牧文明的相互碰撞与交流，是中国古代中原帝国远大的政治战略思想、强大的军事国防力量的重要物证，是中国古代高超的军事建筑建造技术和建筑艺术水平的杰出范例，在中国历史上有着保护国家和民族安全的无与伦比的象征意义。

——长城不是独立存在的军事防御工程，它是和周边的山形水势、地理环境有机的结合。

——长城并非简单孤立的一线城墙，而是由点到线、由线到面，把长城沿线的隘口、军堡、关城和军事重镇连接成一张严密的网，形成一个完整的防御体系。

——长城沿线的许多关口成为农、牧两大经济贸易的场所或中心，有的逐渐发展成为长城沿线的重要城镇。以长城为纽带，展现了由分隔、防御到交流、融合的分分合合的历史过程，反而促进了文化的交流和民族的融合。

## 6.1.2　生态系统典型，生态区位重要

长城地处燕山山脉，是我国华北植物区暖温带落叶阔叶林的主要分布区，树种以油松、蒙古栎和山杨为主，植被群落在空间地理分布上规律性较强，同时植被群落次生性较明显。地带性植被为落叶阔叶林（以栎类为主），并混生暖性针叶油松林，在高山地区垂直带谱明显，从下到上依次为落叶阔叶林、针阔叶混交林、针叶林等，是北京地区森林垂直谱系分布比较完整和典型的地区，更是华北植物区中物种丰富度最高、植被原真性较高的区域。

燕山山地是京津冀地区的重要水源地，是防沙治沙的重要生态屏障。北京长城国家公园试点区位于燕山涵养区的西部，是北京生态涵养发展区，在土壤保持、水源涵养和碳固定等方面具有重要的生态系统服务功能。试点区内固碳总量为 14.96 万吨/年，水源涵养总量为 482.23 万米$^3$/年，土壤保持总量为 137.57 万吨/年，其中单位面积的固碳量［2496.28 克/（米$^2$·年）］和水源涵养量［8.05 万米$^3$/（（千米）$^2$·年）］均显著高于燕山山地的平均固碳量［1134.88 克/（米$^2$·年）］和水源涵养量［5.43 万米$^3$/（（千米）$^2$·年）］，单位面积的土壤保持量［229.62 吨/（公顷·年）］仅次于燕山地区的

单位面积土壤保持量［263.65 吨/（公顷·年）］（北京市发展和改革委员会等，2017）。

北京长城国家公园试点区属燕山西段中物种较为丰富的区域之一，有 543 种野生植物、161 种野生动物，占燕山山地野生物种数的 80.46%，其中国家一级、二级保护野生动物 20 种，占燕山山地的 68.97%。

## 6.2 区划范围

国家发展和改革委员会批复的长城国家公园体制试点区范围是北京市延庆区八达岭长城区域［总长度 27.48 千米，以八达岭至十三陵风景名胜区（延庆部分）边界为基础］，总面积 59.91 平方千米。区域范围西以八达岭镇帮水峪村东侧山场和营城子村南端山场内长城 500 米保护范围线为界；东至八达岭镇边界（不包含现状黄土梁音乐谷演艺核心区）；北以程家窑村北边界—岔道村西边界—南园村村庄南侧山脚线—帮水峪村山场内长城 3000 米控制线为界，南至延庆区区界。后期将整合昌平区居庸关长城、怀柔区黄花城水长城、慕田峪长城等长城资源及周边保护地，将分散的保护地斑块连接起来，进一步增强生态系统的连通性、协调性、完整性。

## 6.3 功能区划

根据保护对象的敏感度和资源特征，统筹考虑文化遗产与生态资源的保护利用程度、居民生产生活和社会发展的需要，统筹"生态""文物""人"等核心因子，赋予相应的权重，运用 GIS 数据模型叠加分析试点区保护对象影响因子，划定保护分区，制订保护利用以及管理措施。

### 6.3.1　敏感区叠加分析

#### 1.　生态敏感区分析

采用定性与定量相结合的方法进行生态环境敏感性评价[①]。利用遥感数据、地理信息系统技术及空间模拟等方法与技术手段，确定生态环境敏感性程度，划定控制空间。

按照生态敏感性程度可划分三个级别。

高敏感区：对生态资源的利用极为敏感，一旦出现破坏干扰，不仅会影响该区域，而且也可能会给整个生态系统带来严重破坏，属自然生态重点保护地段；

中敏感区：对人类活动敏感性较高，生态恢复难，对维持高敏感区的良好功能及风景区气候环境等方面起到重要作用，对资源进行利用时必须慎重；

低敏感区：可承受一定强度的开发建设，土地可作多种用途开发。

经分析，北京长城国家公园试点区高敏感区主要分布在试点区西北部的长城两侧区域和石峡村周边区域，低敏感区主要是现在的建成区域（图6-1、表6-1）。

表6-1　生态敏感性分析结果一览表

| 类型 | 面积/km$^2$ | 比例/% |
|------|------------|--------|
| 高敏感区 | 44.03 | 73.5 |
| 中敏感区 | 11.14 | 18.6 |
| 低敏感区 | 4.74 | 7.9 |
| 合计 | 59.91 | 100.0 |

#### 2.　文物敏感区分析

划定试点区文物敏感区以保护长城文物为主，其保护区范围按照《保护世界文化和自然遗产公约》及《中华人民共和国文物保护法》等相关法律法规划定。试点区文物敏感区划分为三个层次：高度敏感区、中度敏感区和低敏感区（表6-2）。

---

① 评价指标及权重选择参照了国家环保总局发布的《生态功能区划技术暂行规程》和一些生态系统敏感性评价的指标体系。

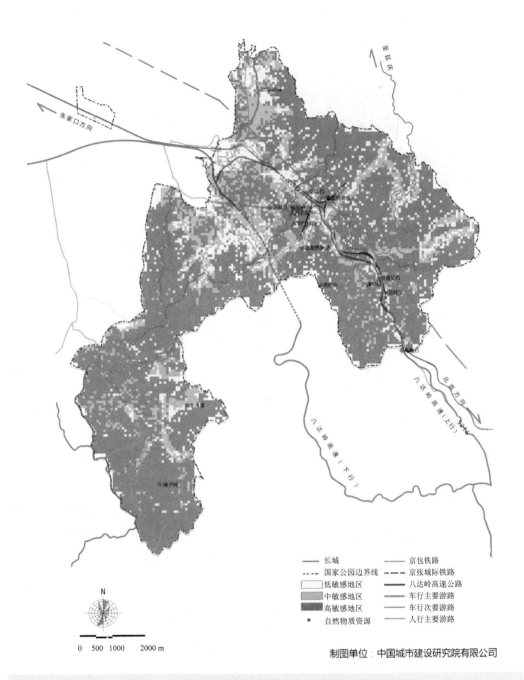

长城
国家公园边界线
低敏感地区
中敏感地区
高敏感地区
自然物质资源

京包铁路
京张城际铁路
八达岭高速公路
车行主要游路
车行次要游路
人行主要游路

N

0 500 1000 2000 m

制图单位：中国城市建设研究院有限公司

图 6-1 北京长城国家公园试点区生态敏感区空间分布

表6-2　文物敏感区分析

| 文物因子 | 评价标准 | 分级 | 敏感性评价值 | 权重 |
|---|---|---|---|---|
| 长城 | 世界文化遗产，历史文化保护价值 | 长城保护范围内（500 m） | 8 | 0.5 |
| | | 长城保护范围外 | 1 | |
| 国家文保单位 | 国家文化保护价值，国家级文物保护单位 | 国家文保单位保护范围内（100 m） | 8 | 0.3 |
| | | 国家文保单位保护范围外 | 1 | |
| 其他人文资源 | 历史文物，市、区级文化保护价值 | 文物保护范围内（50 m） | 5 | 0.2 |
| | | 文物保护范围外 | 1 | |

　　高敏感区：人文资源的保护要求最高，对资源的利用极为敏感，一旦出现破坏或干扰，会影响该区域人文资源的价值，属人文资源重点保护区域。

　　中敏感区：对人文资源的安全、环境以及历史风貌的保护等方面起到重要作用，并对各种人类活动和建设行为需要加以严格限制的区域。

　　低敏感区：对人文资源的环境以及历史风貌影响较小，并对各种人类活动和建设行为需要加以限制的一般区域。

　　经分析，高敏感区主要分布在文物保护规划中划定的试点区内长城本体保护范围。低敏感区主要是现在的建成区域以及长城保护的建设控制地带（图6-2、表6-3）。

表6-3　文物敏感性分析结果一览表

| 类型 | 面积/km² | 比例/% |
|---|---|---|
| 高敏感区 | 25.52 | 42.6 |
| 中敏感区 | 0.06 | 0.1 |
| 低敏感区 | 34.33 | 57.3 |
| 合计 | 59.91 | 100.0 |

### 3. 游憩适宜性分析

　　通过对试点区的游憩空间进行适宜性评价，合理利用试点区内的资源，为游憩规划提供科学依据。

　　游憩空间的划定不仅涉及游憩资源、游憩承载力和游憩区位条件3个方面，还受气候、地形、水质、土壤等自然因素、保护对象、游憩需求和建成环境等因素影响。选择坡度、交通状况、村庄、开放游赏区域、生态敏感区、文物敏感区等因子进行综合分析（表6-4），划定高适宜游憩区、中适宜游憩区和低适宜游憩区三个区。

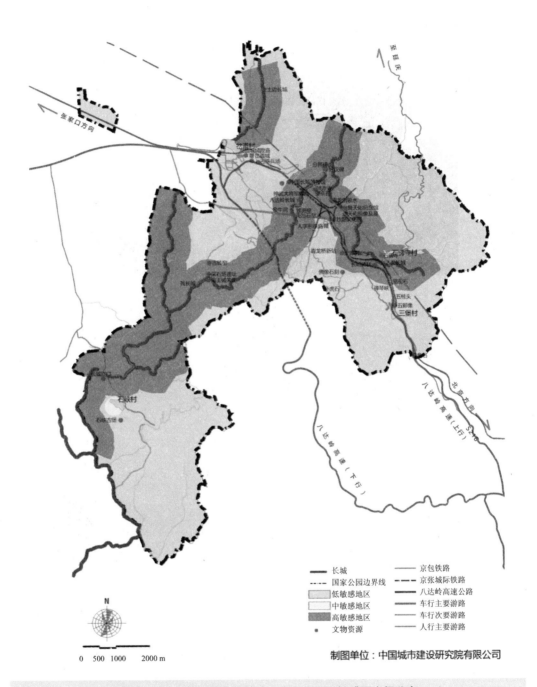

图 6-2　北京长城国家公园试点区文物资源敏感区空间分布

表 6-4　游憩适宜性分析因子及权重一览表

| 因子 | 评价标准 | 分级 | 敏感性评价值 | 权重 |
|---|---|---|---|---|
| 坡度 | 建设适宜性要求，地质灾害 | 小于 20° | 8 | 0.1 |
| | | 大于 20° | 1 | |
| 高程 | 气温影响，小气候影响，野生动植物影响，景点分布 | 高程 500 m 以下 | 8 | 0.1 |
| | | 高程 500 m 以上 | 1 | |
| 交通 | 景观游憩干扰，游人车辆 | 道路铁路干扰范围内（100 m） | 8 | 0.1 |
| | | 道路铁路干扰范围外 | 1 | |
| 自然资源 | 植被条件，林分及层次 | 生态高敏感区 | 1 | 0.3 |
| | | 生态中敏感区 | 5 | |
| | | 生态低敏感区 | 8 | |
| 人文资源 | 等级、规模等 | 高敏感区 | 1 | 0.2 |
| | | 中敏感区 | 5 | |
| | | 低敏感区 | 8 | |
| 已开放游赏区 | 游人游憩干扰，基础设施建设的干扰 | 景区开放区内 | 8 | 0.1 |
| | | 景区开放区外 | 1 | |
| 村庄 | 村民生活干扰，游人游憩干扰 | 村庄范围 50 m 内 | 8 | 0.1 |
| | | 村庄范围 50 m 外 | 1 | |

　　经分析，高适宜游憩区主要是目前长城开放区域和服务设施建成区域等，中适宜游憩区主要是八达岭森林公园及八达岭长城、水关长城的周边区域，低适宜游憩区主要是坡度较陡的未开放山林区域（图 6-3、表 6-5）。

表 6-5　游憩适宜性分析分析结果一览表

| 类型 | 面积/km² | 比例/% |
|---|---|---|
| 高适宜区 | 33.85 | 56.5 |
| 中适宜区 | 18.69 | 31.2 |
| 低适宜区 | 7.37 | 12.3 |
| 合计 | 59.91 | 100.0 |

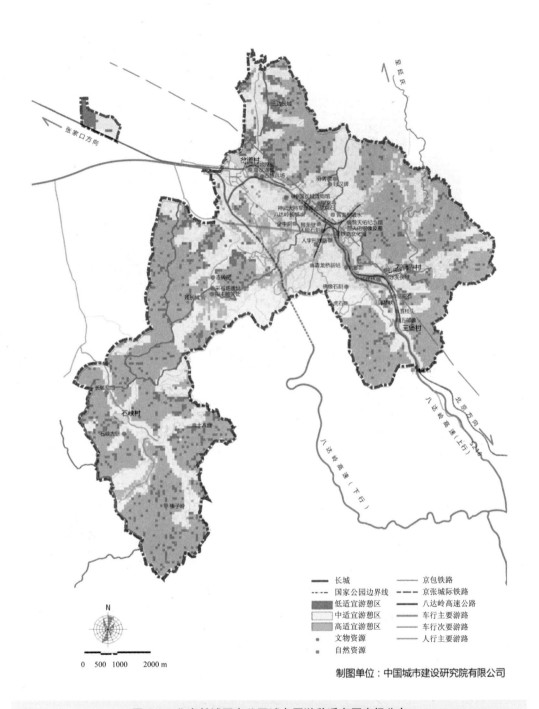

图 6-3　北京长城国家公园试点区游憩适宜区空间分布

### 4. 综合叠加分析

综合叠加"生态""文物""人"的敏感性和适应性，生态和文物叠加依据"就高不就低"原则。具体分区见表 6-6。

**表 6-6　生态和文物敏感性叠加分区一览表**

|  | 生态高敏感区 | 生态中敏感区 | 生态低敏感区 |
| --- | --- | --- | --- |
| 文物高敏感区 | 高 | 高 | 高 |
| 文物中敏感区 | 高 | 中 | 中 |
| 文物低敏感区 | 高 | 中 | 低 |

经分析，最终形成了生态资源高敏感人文资源高敏感区、生态资源高敏感人文资源低敏感区、生态资源中敏感人文资源高敏感区、生态资源中敏感人文资源低敏感区、生态资源低敏感人文资源高敏感区和生态资源低敏感人文资源低敏感区等六个区域（图 6-4）。

## 6.3.2　功能分区

在敏感区叠加分析研究基础上，将北京长城国家公园体制试点区划分为严格保护区、生态保育区、科教游憩区和传统利用区以及"外围保护地带"，共五个区域，其中"外围保护地带"处于试点区范围以外（图 6-5）。

### 1. 严格保护区

该区域核心资源集中分布，生态环境较好，面积 36.80 平方千米，占试点区总面积的 61.4%。该区域以强化长城体系和典型生态群落保护为主，原则上除允许一定程度的资源管理、特殊科学研究活动外，禁止其他任何形式的人类活动和设施建设。

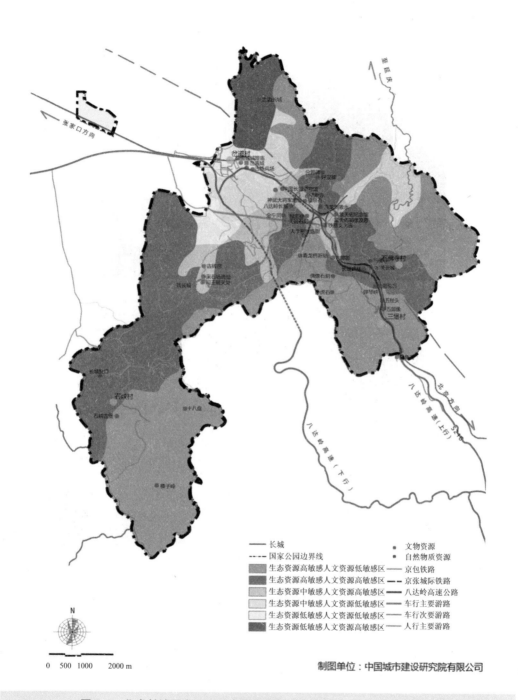

图 6-4　北京长城国家公园试点区生态与人文资源敏感区空间叠加分布

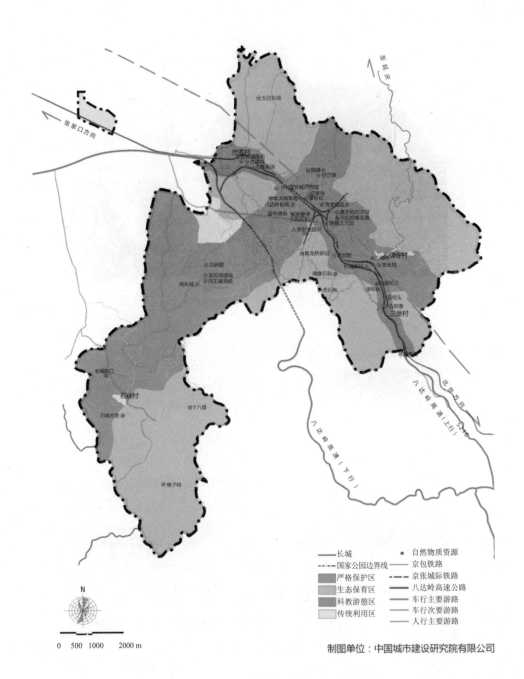

**图 6-5　北京长城国家公园试点区功能分区**

### 2. 生态保育区

该区域生态环境较为脆弱，局部区域植被覆盖率较低，面积 13.19 平方千米，占总面积的 22%。该区域以保护和修复自然生态系统为主，实施必要的人工干预措施，提高区域生态系统服务功能，除允许一定程度的资源管理、特殊科学研究活动外，可以适当开展符合要求的人类活动。

### 3. 科教游憩区

该区域是集中展示长城文化、京张铁路文化以及关沟古道文化的区域，面积 8.42 平方千米，占试点区总面积的 14.1%。该区域主要承担试点区内教育、展示、游憩等功能。

### 4. 传统利用区

该区域包括规划保留的村庄及试点区管理机构区域，面积 1.5 平方千米，占试点区总面积的 2.5%。该区域主要任务是创新社区发展模式，协调社区与长城文化遗产保护和周边生态保护的关系，促进试点区与社区发展互动"双赢"。

### 5. 外围保护地带

基于对生态系统的完整性、文物完整性和原真性、周边风貌协调性的进一步保护以及游憩服务设施的合理布局，在试点区外划定外围保护地带。从文物的原真性角度，八达岭地区的京畿长城防御体系分为五重，从北至南沿关沟一线依次为岔道城、八达岭、上关城、居庸关、南口，远期试点区应扩大范围，覆盖至南口段长城，以保证京畿长城五重防御体系的完整。从游览服务设施布局角度，关沟一线空间局促、文物集中、生态系统相对脆弱，不适宜大量游览服务设施的建设。但八达岭镇紧邻试点区，相对空间开阔、建设条件良好、基础设施完善且远离文化遗产保护范围，可作为试点区的服务基地、集散基地，也可作为试点区与城市的缓冲地带，对文物、生态、风貌等因素进行更加严格的控制和保护。

## 6.3.3　分区管控

功能分区是一种整体性资源保护和利用的管理工具。每一个具体分区规定了资源保护对象、适宜的人为活动、基础设施建设要求和标准等严格的空间管理措施（表 6-7）。在这个管理框架下确保资源利用对于资源保护的影响控制在一个相互适宜、相互平衡的可以接受的范围。

表 6-7　分区人为活动管理政策一览表

| 活动类型 | | 严格保护区 | 生态保育区 | 科教游憩区 | 传统利用区 |
|---|---|---|---|---|---|
| 管理活动 | 标桩立界 | 应该 | 建议 | 应该 | 应该 |
| | 资源监测 | 应该 | 应该 | 应该 | 应该 |
| | 灾害防治 | 应该 | 应该 | 应该 | 应该 |
| | 植被恢复 | 特定条件 | 应该 | 应该 | 应该 |
| | 引进物种 | 禁止 | 禁止 | 禁止 | 禁止 |
| | 解说咨询 | 不适用 | 不适用 | 应该 | 允许 |
| | 维护治安 | 不适用 | 允许 | 应该 | 应该 |
| | 急救 | 不适用 | 允许 | 应该 | 建议 |
| | 收取门票税费 | 不适用 | 不适用 | 允许 | 不适用 |
| | 社区教育、管理 | 不适用 | 不适用 | 不适用 | 必须 |
| 科研活动 | 科教摄影摄像 | 允许 | 允许 | 允许 | 允许 |
| | 观测 | 特定条件 | 允许 | 允许 | 允许 |
| | 采集标本 | 特定条件 | 允许 | 允许 | 允许 |
| | 科学实验 | 特定条件 | 允许 | 允许 | 允许 |
| 游憩活动 | 摄影摄像 | 禁止 | 允许 | 应该 | 应该 |
| | 按指定路线游览 | 允许 | 应该 | 应该 | 允许 |
| | 机动车观光 | 禁止 | 禁止 | 允许 | 允许 |
| | 探险登山 | 禁止 | 禁止 | 允许 | 允许 |
| | 民俗节庆 | 禁止 | 禁止 | 允许 | 允许 |
| | 劳作体验 | 禁止 | 禁止 | 禁止 | 禁止 |
| | 蹦极、攀岩 | 禁止 | 禁止 | 禁止 | 特定条件 |
| 社会经济活动 | 建屋 | 禁止 | 特定条件 | 特定条件 | 特定条件 |
| | 修路 | 禁止 | 特定条件 | 特定条件 | 特定条件 |
| | 建微波站 | 禁止 | 禁止 | 禁止 | 禁止 |
| | 旅游商业服务 | 禁止 | 禁止 | 应该 | 允许 |
| | 种植 | 禁止 | 禁止 | 禁止 | 允许 |
| | 采集 | 禁止 | 不适用 | 特定条件 | 允许 |
| | 伐木 | 禁止 | 禁止 | 禁止 | 允许 |
| | 开山采石 | 禁止 | 禁止 | 禁止 | 禁止 |
| | 采矿挖沙 | 禁止 | 禁止 | 禁止 | 禁止 |

# 6.4　自然生态恢复策略

## 6.4.1　细化管理小区，管控人为活动

根据现状资源的情况和对资源的分类和分级结果，经敏感度叠加，划定人类活动可进入区和生态保护红线区。为实现试点区内资源保护和公众利用的可持续性目标，利用分区、分类和分级的系统保护机制，在试点区四个功能分区基础上进一步划分管理小区，划定游客活动可进入区和生态保护红线区：

（1）在可进入区严格控制每日游客进入量，不增加新的旅游基础设施，明确允许开展的活动内容，减少旅游对公园森林、灌丛等生态系统的负面影响。

（2）在生态保护红线内禁止一切生产经营活动，除经过批准特许的科考、探险活动，其他所有活动一律不许越过红线。

## 6.4.2　退耕还林，封山育林，生态修复

遵循生态系统自然演替的规律，采取自然恢复为主、人工修复为辅，原生植被保护为主、人工植被建设为辅的原则。

### 1.　退耕还林，提高森林覆盖率

（1）将坡度≥5°和处于轻度水土流失范围内的农田全部退耕还林，退耕农田主要位于生态保育区南部的农田和生态修复区东部的农田，共可退耕 1.26 平方千米的农田，占试点区内总农田面积的 51.85%。

（2）结合长城遗址的分布，生态修复区内退耕的农田，可种植一些兼顾美学价值的落叶小乔木或灌木，如暴马丁香、紫丁香、黄栌、绣线菊、荆条等，在提高森林覆盖率的同时，又能提升长城周边景区的美学价值。对生态保育区南部的农田，退耕之后以种植乔木为主，如落叶乔木栓皮栎、槲树、椴树，常绿乔木侧柏等树种，以提高森林覆盖率为主要目的。

### 2. 封山育林，提高生态系统功能

（1）在距离长城遗迹 500 米范围内，限制人类活动对森林和灌丛生态系统的干扰，加强对长城周边植被的保护，绝对禁止采石、取土、伐木等活动。

（2）科学处理长城墙体已有植被，控制新的植被实体对墙体的侵入。

（3）对长城周边进行必要的森林景观恢复，提高长城两侧植被的景观价值。

（4）对遗产保护区与生态保育区的森林与灌丛等地全部实施封山育林，促进生态系统及功能的恢复，逐步提高森林生态系统质量。

（5）开展森林有害生物防治、森林防火、种苗生产基地建设等工程。

### 3. 生态修复，改善水土流失

（1）土地整治。对拟布设工程措施的区域，通过土地平整降低布设引起的二次破坏，营造适宜灌草植被生长的地形条件。

（2）横向拦挡。根据各段侵蚀沟的沟宽和沟壁坡度情况，选择在侵蚀沟断面扩大处设置横向拦挡设施，降低沟道比降和侵蚀强度，并为后续的植被恢复提供稳定的环境。

（3）消能措施。对侵蚀沟内的径流采取消能与分散措施，结合侵蚀沟下游天然林内的地表植被及枯落物的拦蓄功能，阻止侵蚀沟继续向下发展。

（4）植被恢复。以长城乡土物种为主要目标物种，通过人工促进与自然恢复相结合的方式，提高地表植被覆盖度。对侵蚀严重的区域，栽植灌草，加强土壤侵蚀控制能力。对于侵蚀程度相对较弱的区域，撒播苔草和紫花野菊等草种。

## 6.5　访客管理策略

### 6.5.1　访客规模管理

通过"控"总量、"减"增量、"疏"流量的方法，从点、线、面出发，减少访客分布不均情况，避免部分景点访客量过饱和，形成科学合理的容量控制。

通过各种门票管理制度，实现对访客总量的直接调控。控制长城国家公园体制试点区内年访客总量不超过 1163 万人次，日最高访客不超过 10.8 万人次。

采用门票预约机制、分时售票机制、优惠组合售票机制进行访客引导。

### 6.5.2　访客行为引导

（1）预测合理的环境承载量，明确不同管理分区允许开展的活动内容，明确各游憩区影响访客体验及资源环境的主要因素，部署相应的管理措施。

（2）加强管理监督、指标检测，建立监测评估反馈机制。

（3）根据试点区内资源分布的特点、容量限制及价值保护要求，科学划分游憩空间和游线组织，合理适量布局游览服务设施。

### 6.5.3　解说教育系统规划

（1）建立试点区解说教育的科教支撑体系，成立研究长城体系、自然资源、游客、社区、特许经营等方面内容的综合科学研究中心。

（2）建立试点区解说教育的推广机制，建立试点区解说教育专属部门，构建专业化的解说队伍，制定多元化的解说方式及解说内容。

（3）明确长城国家公园体制试点区的形象标识、管理标识、科普标识、引导标识，使解说科普系统成为科普教育、游客组织、公园管理的重要手段。

（4）建立志愿者服务长效机制，制订和完善志愿者管理、服务、激励等制度，吸引社会各界志愿者参与志愿服务工作，通过志愿参与活动提升社会各界的保护意识。

## 6.6　社区发展模式创新

数千年来，长城作为国家重要的军事工程，催生和促进了许多因长城而存在和发展的村落。这些村落在历史、文化、生态环境和景观上，与长城唇齿相依，经过漫长的发展与融合，村落已成为这片土地不可分割的一部分，村落的生产生活方式也不断影响着长城文化遗产及其周边自然生态系统的保护与发展。

### 6.6.1　社区发展原则

坚持社区总体发展服从于国家公园发展、经济发展服从于文化和生态资源保护、发展规模服从于生态环境容量的原则。

（1）试点区应提高社区居民的综合素质，为当地居民提供就业机会。

（2）试点区有义务改善和提高社区基础设施水平，减少社区居民的生产生活对试点区环境和资源的依赖及由此造成的负面影响。

（3）试点区建设应促进社区教育、医疗、卫生事业的发展，使社区发展目标和国家公园发展目标相一致。

### 6.6.2　社区规模控制与村落更新

（1）严格控制人口规模和建设规模。作为重要的人类文化遗产，对试点区内的村庄应以整体方式进行保护与利用。原则上以保留为主进行整体保护，部分聚集发展，部分搬迁至试点区外。保留建设用地用于旅游服务，聚集型村落严格控制人口规模、建筑和设施的规模、体量和风貌。

（2）进行以保护传统乡土风貌和改善周边生态环境为目的的乡村更新，新建建筑必须使用当地元素及材料，社区内建筑体量、色彩、高度与风格要满足试点区长城传统村落的整体风貌。在村落的更新与改造过程中，倡导绿色产业和生活方式，为社区提供节能环保的村落规划及建筑方案。

### 6.6.3　引导社区产业发展，提高居民生活质量

（1）建立新型产业引导。建立适度规模集约化的生态农业体系与低耗高效的生态旅游业，特别是重点发展以长城戍边文化为特色的旅游服务业。

（2）盘活闲置农村宅基地，通过转包、出租、互换、入股等方式流转集体土地和自然资源的部分权益，用地归试点区统一管理。

（3）积极吸纳本地居民参与国家公园保护与发展，增强居民归属感，最大限度地为当地社区居民提供就业机会。

## 6.7　细化管理小区管控措施

在功能分区的基础上，根据现状资源的情况和对资源的分类和分级结果，从保护和利用两个方面构建系统保护机制。统筹协调试点区内人文资源和自然资源的关系，将保护、科研、展示、游憩利用以及社区协调等方面的功能落实到空间，在四个管理分区的

基础上，划分 16 个管理小区，明确规定每个小区的管控措施（表 6-8）。

**表 6-8　分区管控措施一览表**

| 分区名称 | 资源现状 | 子目标 | 管理措施 |
|---|---|---|---|
| 严格保护区（5 个管理小区） | 长城长度为 24.78 千米，修复 14.7 千米，开放长度不足 9 千米。未修复区域处于自然状态。八达岭长城是国家级文物保护单位，水关长城、残长城和岔道城为北京市文物保护单位。长城周边的物种多样性和群落多样性丰富，林木覆盖率较高，但是森林、灌丛质量低，部分区域水土流失较重 | 1. 保护试点区内重要生境、生态系统和物种不受干扰。2. 维护试点区生态的稳定性和自然演化。3. 维护试点区自然、文化的多样性。4. 维护并提高试点区环境和景观质量。5. 对给试点区价值造成影响的因素和影响本身进行控制和管理。6. 修复已经退化或正在退化的资源。7. 疏解非国家公园主体功能，严格控制游客规模和各类建设规模 | 1. 根据长城资源普查结果，建立长城记录档案和数据库，对长城资源进行分类、分级，研发保护管理信息系统，实现数字化和精细化管理。2. 对现状自然状态的长城，严格遵循不改变文物原状和最小干预的原则进行维修加固，严格保持其原形制、原结构，保证长城结构安全，最大限度保存历史信息，妥善保护长城沧桑古朴的历史环境风貌。对已经修复的长城，在满足文物的要求下，适度开展游憩利用。3. 长城的保养维护、抢险加固、修缮载体加固和保护性设施建设等工程，严格按照《长城保护维修工作指导意见》的相关规定和要求进行。4. 加强退耕还林，封山育林。5. 严格保护森林植被，绝对禁止采石、取土、伐木等活动。6. 科学处理长城墙体已有植被，控制新的植被实体对墙体的侵入。7. 在严格保护长城周边原生植被和人工林资源的同时，进行森林景观恢复，必要地段开展林种结构调整和树种替换，营造地方彩叶树种，提高长城两侧植被的景观价值。8. 逐步拆除与试点区主体功能无关的设施，一时难以拆除的，须制订拆除计划和年限。Ⅰ-2 区内的熊乐园近期控制规模，远期择机拆除，进行生态恢复。9. 本区内只准进行资源修复和保护、必要的步行游览道路和必要的安全防护设施外，严格禁止任何建筑和地上附属建筑物的建设。10. 严格按照环境容量控制游客数量。适当增加已修复长城的开放长度，加大科教宣传力度，改变现在 Ⅰ-2 区内开放的长城段游客压力过大的现象。11. 逐步拆除与试点区主体功能无关的设施，一时难以拆除的，须制订拆除计划和年限。对于侵占 Ⅰ-5 区内的石峡古堡的单位和个人，应该创造条件无偿地腾退文物建筑；Ⅰ-3 区内石化山庄和长城华人怀思堂、长城脚下公社近期严格控制规模，远期择机拆除，逐步进行生态修复 |

| 分区名称 | 资源现状 | 子目标 | 管理措施 |
|---|---|---|---|
| 生态保育区（4个管理小区） | 整个区域森林质量偏低，部分区域水土流失较重。<br>Ⅱ-1 林木覆盖率很高。现在依托森林资源和自然景点，开展以森林游赏和体验为主的活动。<br>Ⅱ-2 区域森林覆盖率较低，以灌木林和草地为主。<br>Ⅱ-3 野生动物园部分区域在该区内，地表裸露。植被覆盖度较低。<br>Ⅱ-4 土边长城区域，长城维持自然状态，破坏较为严重。该区域以农田和草地生态系统为主，森林、草地等自然植被覆盖率低，森林质量与生态功能低 | 1. 维护试点区自然、文化的多样性。<br>2. 维护并提高试点区环境和景观质量。<br>3. 对给试点区价值造成影响的因素和影响本身进行控制和管理。<br>4. 修复已经退化或正在退化的资源。<br>5. 疏解非国家公园主体功能，严格控制游客规模和各类建设规模 | 1. 在保证植被生态稳定的基础上，对Ⅱ-1、Ⅱ-2、Ⅱ-3、Ⅱ-4区域的现有植被通过合理疏伐、补植等技术措施进行林相的适度调整和森林抚育，提高生态服务功能，加快生态系统的正向演替。<br>2. 在保护生态系统的基础上保护地质结构和地貌景观，禁止地质地貌破坏活动，全面排查可能发生崩塌的地质灾害点，禁止在非定点区域进行科研性捶拓或采集生物标本。<br>3. Ⅱ-2、Ⅱ-3区域进行生态恢复。<br>4. Ⅱ-4区域对现状自然状态的长城，严格遵循不改变文物原状和最小干预的原则进行维修加固，严格保持其原形制、原结构，保证长城结构安全，最大限度保存历史信息，妥善保护长城沧桑古朴的历史环境风貌。<br>5. 科学处理长城墙体已有植被，控制新的植被实体对墙体的侵入。<br>6. 实行退耕还林，提高植被覆盖率。无林地段应积极恢复，绝对禁止采石、取土、伐木。<br>7. 严格控制游憩展示的区域和游客规模，必要的游赏步道和相关设施除外。<br>8. 对于该区域内对游客开放的区域，只可以进行科学研究。研究机构应提前向管理机构提交申请和计划，并经国家公园上级管理机构批准 |
| 科教游憩区（3个管理小区） | Ⅲ-1 残长城游览区域，游人较少。<br>Ⅲ-2 八达岭长城和野生动物园游赏区域，游客量巨大。<br>Ⅲ-3 岔道城、水关长城、京张铁路和关沟游赏区域，交通问题突出，游赏和服务功能受到严重制约 | 1. 维护试点区自然、文化的多样性。<br>2. 维护并提高试点区环境和景观质量。<br>3. 对给试点区价值造成影响的因素和影响本身进行控制和管理。<br>4. 保护试点区的其他重要的价值，尽量减少重要自然、文化价值的流失。<br>5. 运用与试点区自然、文化价值保护相符的方式使人们更好地了解国家公园价值。<br>6. 满足游客的合理需求，提高游客体验度。 | 1. 对已经修复的长城，在满足文物的要求下，严格控制游人量，适度开展游憩利用。<br>2. 通过多种渠道帮助公众认识和理解国家公园自然和人文价值资源，发挥游憩对公众的教育功能，提高公众对公园价值的认同感。<br>3. 深度挖掘除长城外的其他文化资源的价值，构建长城、关沟、京张铁路三个游赏体系。在现有博物馆的基础上提升改造，形成三个解说主题，展示国家公园的价值。<br>4. 利用城际铁路、S2线、公交车、旅游大巴，构建完善的公共交通体系，实现到达景区的便利性，严格限制社会车辆（不含旅游大巴车），实行社会车辆到达预约制度。<br>5. 严格控制游客量，逐步实施门票预约制度；加强游客管理。<br>6. 严格控制设施的建设规模、体量、色彩和风格，与周边环境相协调。 |

| 分区名称 | 资源现状 | 子目标 | 管理措施 |
|---|---|---|---|
| 科教游憩区（3 个管理小区） | | 7. 尽量减少游客活动对试点区社会、文化、经济和生态的负面影响 | 7. 远期拆除索道。控制八达岭烈士陵园墓地面积，对其内部环境进行整治，对其周边自然环境进行保护。<br>8. 逐步迁出岔西居民，拆除岔道西紧邻岔道古城的居民建筑，原古教场移至此，结合古教场修建长城戍边文化主题文化广场。<br>9. 保持古城传统格局，对城墙城门、烽火台、瓮城遗址、西校场等文物单位和历史遗迹遗存，按文物保护要求严格保护。恢复岔道古城清代以后边贸小城形象，形成特色历史文化街区。<br>10. 加强对修路造成的创伤面进行修复 |
| 传统利用区（4 个管理小区） | V-1 野生动物园旁。<br>V-2 石峡村。<br>V-3 石佛寺村。<br>V-4 林场新场部（八达岭长城国家公园管理委员会） | 1. 在不损害资源及价值前提下，为社区建设与环境相容的基础设施、公共服务设施。<br>2. 帮助社区发展与环境和谐的生活方式。<br>3. 正确处理资源利用过程中社区内外部的各种关系。<br>4. 保持社区和谐稳定，促进社区社会、经济和文化协调发展。<br>5. 提高社区对公园和自身价值的认识 | 1. 严格控制石峡村和石佛寺村的人口规模、建设规模、高度和风貌，拆除或改造与长城风貌不统一的元素或建筑。<br>2. 严格控制村庄规模，进行与试点区总体目标相一致的产业引导。<br>3. 本区禁止施用农药、化肥，加强对社区生活污水、垃圾和冬季燃煤污染的综合治理，维护良好的生态环境质量。生活垃圾无害化处理率达到 100%，生活污水处理农户全覆盖。<br>4. 运用多种方式展示国家公园，促进社区了解、认可、支持国家公园保护 |

# 参考文献

[1]    北京市发展和改革委员会，中国城市建设研究院有限公司，中国科学院生态环境研究中心. 2017. 北京长城国家公园体制试点区总体规划（2017—2022 年）[R].

[2]    陈明星，李扬，龚颖华，等. 2016. 胡焕庸线两侧的人口分布与城镇化格局趋势——尝试回答李克强总理之问[J]. 地理学报，71（2）：179-193.

[3]    陈伟烈. 2012. 中国的自然保护区[J]. 生物学通报，47（6）：1-4.

[4]    大自然保护协会. 2010. 保护行动规划手册[M]. 北京：中国环境科学出版社.

[5]    邓明艳. 2005. 国外世界遗产保护与旅游管理方法的启示——以澳大利亚大堡礁为例[J]. 生态经济，12：76-79.

[6]    董保华. 2017. 加强文物保护机构和专业队伍建设[EB/OL]. http：//www.sach.gov.cn/art/2017/3/6/art_722_137830.html[2017-03-06].

[7]    董锁成，周长进，王海英. 2002. "三江源"地区主要生态环境问题与对策[J]. 自然资源学报，（6）：713-720.

[8]    窦睿音. 2016. 近半个世纪三江源地区气候变化与可持续发展适应对策研究[J]. 生态经济，32（2）：165-171.

[9]    费宝仓. 2003. 美国国家公园体系管理体制研究[J]. 经济经纬，（4）：121-123.

[10]   谷光灿，刘智. 2013. 从日本自然保护的原点——尾濑出发看日本国家公园的保护管理[J]. 中国园林，29（8）：109-113.

[11]   国家发展和改革委员会. 2014. 全国生态保护与建设规划（2013—2020 年）（发改农经〔2014〕226 号）[EB/OL]. http：//www.ndrc.gov.cn/zcfb/zcfbghwb/201411/t20141119_662978.html.

[12]   国家林业局. 2009. 自然保护区生物多样性调查规范：LY/T 1814—2009[S]. 北京：中国标准出版社.

[13]   国家林业局森林公园管理办公室，中南林业科技大学旅游学院. 2015. 国家公园体制比较研究[M]. 北京：中国林业出版社.

[14]   国家文物局. 2016. 第一次全国可移动文物普查数据公报[EB/OL]. http：//www.sach.gov.cn/art/2017/4/7/art_722_139374.html.

[15]   国务院. 2010. 全国主体功能区规划（国发〔2010〕46 号）[EB/OL]. http：//www.gov.cn/zwgk/2011-06/08/content_1879180.htm.

[16]   国务院. 2016. "十三五"生态环境保护规划（国发〔2016〕65 号）[EB/OL]. http：//www.gov.cn/

zhengce/content/2016-12/05/content_5143290.htm.

[17] 环境保护部. 2016a. 2016 中国环境状况公报[EB/OL]. http：//www.zhb.gov.cn/hjzl/zghjzkgb/lnzghjzkgb/201706/P020170605833655914077.pdf.

[18] 环境保护部. 2016b. 全国生态保护"十三五"规划纲要[EB/OL]. http：//www.zhb.gov.cn/gkml/hbb/bwj/201611/t20161102_366739.htm.

[19] 环境保护部. 2016c. 2016 年自然生态环境[EB/OL]. http：//www.zhb.gov.cn/hjzl/sthj/201706/t20170606_415460.shtml.

[20] 李俊生，纪中奎，张波，等. 2010. 中国国家级自然保护区景观多样性监测与评价技术研究[M]. 北京：中国环境科学出版社.

[21] 李如生. 2002. 美国国家公园的法律基础[J]. 中国园林，18（5）：6-12.

[22] 李雪梅. 2012. 明清禁碑体系及其特征[J]. 南京大学法律评论，2：61-80.

[23] 热杰，王守云，康海军，等. 2008. 青海省三江源地区生物多样性保护与可持续发展探析[J]. 安徽农业科学，（18）：7824-7826，7907.

[24] 沈茂英. 2015. 川滇连片特困藏区农村扶贫可利用生态资源研究[J]. 四川林勘设计，（4）：1-7.

[25] 唐纳德·墨菲. 2006. 美国国家公园资源保护和管理[J]. 风景园林，（3）：28-33.

[26] 蔚东英，等. 2017. 国家公园法律体系的国别比较研究[J]. 环境与可持续发展，43（2）：13-16.

[27] 王金凤，等. 2006. 新西兰自然保护区管理及对中国的启示[J]. 环境保护，3a：75-78.

[28] 王辉，等. 2015. 美国国家公园生态保护与旅游开发的发展历程及启示[J]. 旅游论坛，8（6）：1-6.

[29] 王江，许雅雯. 2016. 英国国家公园管理制度及对中国的启示[J]. 环境保护，44（13）：63-65.

[30] 王武林，等. 2015. 中国集中连片特困地区公路交通优势度及其对经济增长的影响[J]. 地理科学进展，34（6）：665-675.

[31] 吴承照，周思瑜，陶聪. 2014. 国家公园生态系统管理及其体制适应性研究——以美国黄石国家公园为例[J]. 中国园林，30（8）：21-25.

[32] 吴宇，岳连国. 2010. 中央财政十年投入 22.5 亿元用于自然保护区基础设施建设[EB/OL]. http：//www.gov.cn/jrzg/2010-06/05/content_1621339.htm[2010-06-05].

[33] 习近平. 2016. 习近平总书记在中央财经领导小组第十二次会议讲话[EB/OL].

[34] 谢凝高. 1997. 中国的名山大川[M]. 北京：商务印书馆：12.

[35] 谢屹，李小勇，温亚利. 2008. 德国国家公园建立和管理工作探析——以黑森州科勒瓦爱德森国家公园为例[J]. 世界林业研究，21（1）：72-75.

[36] 新华社. 2017. 中共中央办公厅 国务院办公厅印发《建立国家公园体制总体方案》[EB/OL]. http：//www.gov.cn/zhengce/2017-09/26/content_5227713.htm[2017-09-26].

[37]　徐嵩龄. 1997. 生态资源破坏经济损失计量中概念和方法的规范化[J]. 自然资源学报，12（2）：
　　　　160-168.

[38]　许浩. 2013. 日本国立公园发展、体系与特点[J]. 世界林业研究，26（6）：69-74.

[39]　杨桂华，牛红卫，蒙睿，等. 2007. 新西兰国家公园绿色管理经验及对云南的启迪[J]. 林业资源管
　　　　理，6：96-104.

[40]　杨建平，等. 2004. 近40a来江河源区生态环境变化的气候特征分析[J]. 冰川冻土，26（1）：
　　　　7-15.

[41]　姚俊卿. 2013. 美国国家公园管理及遗迹保护探析[J]. 陕西地质，31（1）：76-79.

[42]　余艳红，吴学灿，杨张，等. 2014. 丽江老君山综合生态系统管理模型研究及应用[J]. 生态经济，
　　　　30（8）：153-158.

[43]　张婧雅，等. 2016. 美国国家公园环境解说的规划管理及启示[J]. 建筑与文化，3：170-173.

[44]　张玉坤，李严. 2005. 明长城九边重镇防御体系分布图说[J]. 华中建筑，23（2）：116-119，
　　　　153.

[45]　中国经济网. 2015. 我国已有127座国家历史文化名城（完整名单）[EB/OL]. http：//district.ce.cn/
　　　　newarea/roll/201509/01/t20150901_6381060.shtml[2015-09-01].

[46]　中国经济网. 2016. 第七批中国历史文化名镇名村申报工作将启动[EB/OL]. http：//www.ce.cn/
　　　　culture/gd/201605/31/t20160531_12329938.shtml[2016-05-31].

[47]　钟文勤，樊乃昌. 2002. 我国草地鼠害的发生原因及其生态治理对策[J]. 生物学通报，37（7）：1-4.

[48]　周勉，等. 2017. 一划了之、画地为牢——自然保护区遭多重保护顽疾[N]. 经济参考报，
　　　　2017-03-16.

[49]　住房和城乡建设部. 2016. 全国风景名胜区事业"十三五"规划[EB/OL]. http://www.mohurd.gov.cn/
　　　　wjfb/201611/t20161122_229592.html.

[50]　住房和城乡建设部. 2017. 关于进一步加强国家级风景名胜区和世界遗产保护管理工作的通知
　　　　（建城〔2017〕168号）[EB/OL]. http：//www.mohurd.gov.cn/wjfb/201708/t20170830_233115.html.

[51]　Australian Government，1999. Environment Protection and Biodiversity Conservation Act[EB/OL].
　　　　https：//www.legislation.gov.au/Details/C2016C00777/Download.

[52]　Parks and Wildlife Service，Tasmania，2000. Best Practice in Protected Area Management Planning[R].
　　　　A Report to the ANZECC Working Group on National Park and Protected Area Management.

[53]　U.S. Department of the Interior | National Park Service. 2006. Management Policies 2006[M]. http：//
　　　　www.nps.gov/policy.

# 声　明

本书所有地理疆域的命名及图示，不代表中国国家发展和改革委员会、美国保尔森基金会和中国河仁慈善基金会对任何国家、领土、地区，或其边界，或其主权政府法律地位的立场观点。

本书所有内容仅为研究团队专家观点，不代表中国国家发展和改革委员会、美国保尔森基金会、中国河仁慈善基金会的观点。

本书的知识产权归中国国家发展和改革委员会、美国保尔森基金会、中国河仁慈善基金会和本书著（编）者共同拥有。未经知识产权所有者书面同意，严禁任何形式的知识产权侵权行为，严禁用于任何商业目的，违者必究。

引用本书相关内容请注明来源和出处。